_____ 님의 소중한 미래를 위해
이 책을 드립니다.

최소한의

표영호의
부동산
공부

부동산을 둘러싼 궁금증들이 단숨에 이해된다

표영호의

최소한의 부동산

공부

표영호 지음

메이트북스

메이트북스 우리는 책이 독자를 위한 것임을 잊지 않는다.
우리는 독자의 꿈을 사랑하고,
그 꿈이 실현될 수 있는 도구를 세상에 내놓는다.

표영호의 최소한의 부동산 공부

초판 1쇄 발행 2024년 8월 10일 | **초판 2쇄 발행** 2024년 9월 5일 | **지은이** 표영호
펴낸곳 (주)원앤원콘텐츠그룹 | **펴낸이** 강현규·정영훈
등록번호 제301-2006-001호 | **등록일자** 2013년 5월 24일
주소 04607 서울시 중구 다산로 139 랜더스빌딩 5층 | **전화** (02)2234-7117
팩스 (02)2234-1086 | **홈페이지** matebooks.co.kr | **이메일** khg0109@hanmail.net
값 19,000원 | **ISBN** 979-11-6002-902-4 03320

"우리 모두, 이 험한 세상에서
강하게 살아남아야 합니다.
그러려면 부동산 공부는 필수입니다."

· 표영호 ·

지은이의 말

부동산을 시작하는
모든 투자자를 위하여

이 책을 펼쳤다가 바로 덮는 분들은 부자가 되기 어렵습니다.

공부하는 사람에게 좋은 기회가 오기 마련이며, 이 책이 결국에는 여러분의 경험이 되리라 믿습니다.

사줄 사람이 있어야 공급이 필요한 건데 지금의 부동산 시장은 공급 후에 수요를 찾는 시장이 되었습니다. 그런데 어떤 공급자는 "부동산(특히 아파트)은 공급을 하고 나면 결국 사람들이 채워진다"라고 이야기를 합니다. 부동산으로 무조건 돈을 벌 수 있는 세상이 아니라 옥석을 잘 가려야 돈을 벌 수 있는 세상이 되어버렸습니다! 인구가 줄기 때문에 집값이 하락할 것이라는 예측에 목을 매기보다는 어느 지역이 하락하고 어느 지역이 좀더 오를지 최소한의 부동산 공부를 이 책으로 하고, 시야를 넓혀 부동산 시장의 흐름을 주시하면서 자신만의 투자 기준을 확립해나가는 삶의 자세를 가져보시기 바랍니다.

우리 모두, 이 험한 세상에서 강하게 살아남아야 합니다. 그러려면 부동산 공부는 필수입니다. 대충 촉으로, 감으로 투자해서 성공한 분도 많습니다. 부동산 불패시대를 살아오면서 아무거나 사도 성공하던 시기에 산 분들이지만, 대다수는 곁눈질로라도 부동산 공부를 했습니다.

공부하는 이들에게 더 좋은 기회가 펼쳐진다는 것은 너무나도 자명한 진리입니다. 대한민국의 부동산은 끝나지 않았습니다! 부동산은 일생을 걸고 관심을 두고 공부해서 투자까지 해볼 만한 충분한 매력이 있습니다.

부동산 투자는 시간과의 싸움이며, 정부 정책에 일희일비할 필요도 없습니다. 그렇기에 적어도 2~3년 정도는 차분하게 부동산 공부를 하며 진짜 내공을 쌓는 것이 좋다고 생각합니다. 부동산 공부는 자신의 자산을 좀더 튼실하게 지켜주는 든든한 무기가 됩니다. 따라서 무기를 더욱 날카롭고 단단하게 만드는 것이 먼저입니다. 휘두르게 될 날은 머지않아 오겠죠?

자산을 증식하고자 하는 여러분, 공부합시다! 공부해야 합니다. 저도 더 공부하겠습니다.

저를 만나는 분들은 꽤 많은 질문을 하십니다. 제가 뭐라고, 저에게 궁금한 것들이 꽤 있나 봅니다. '제가 이러이러한 집에 살고 있는데 팔아야 할지 말아야 할지' '어떤 지역의 부동산이 뜰지' '앞으로 대한민국의 부동산은 어떻게 될지' '이런 일을 겪었는데 부동산 사기가 아닌지' 등 저마다의 다채로운 질문을 받습니다. 어떤 분들은 제 유튜브에서의 브리핑을 듣고 남들보다 훨씬 저렴하게 아파트를 샀다며 고맙다고 하시고, 또 어떤 분들은 사기당할 뻔한 위기를 잘 넘겼다고도 하십니다.

그런 비슷한 상황에 있는 모든 분을 위해 좀더 공개적으로 부동산에 대한 궁금증을 풀어드리고자 이 책을 집필하게 되었습니다. 제가 부동산을 공부하면서 그때그때 뇌리를 스치는 궁금한 것들을 틈틈이 조사하며 알게 된 내용을 여러분과 공유하려고 합니다.

모든 일에는 용기가 필요합니다. 용기를 내고 할 수 있다는 자신감이 있으면 모든 일이 가능해질 것입니다.

7월, 어느 무더운 여름날에 반 보 옆에서 양산을 씌워주는 마음으로
표영호 Dream

Real Estate Study

CONTENTS

CHAPTER 3 투자에 나서기 전 공부해서 내 무기를 벼리기

CHAPTER 6 관점을 가지고
흔들림 없는 투자 실행하기

 부동산이라는 존재에 대한 ────────

내 생각을 구축하기

1장에는 이제 막 부동산에 관심을 갖게 된 분들이 저에게 많이 물어봤던 질문들에 대한 대답을 정리했습니다. 주식을 전혀 모르는 이들을 가리켜 '주린이'라고 하는 것처럼 부동산 분야에도 수많은 '부린이'가 있습니다. 이들은 크게 두 부류로 나뉩니다. 자신이 부동산에 대해 거의 모른다는 사실을 굳이 드러내지 않고 다른 이야기를 하는 유형과, 부동산에 관한 질문을 거침없이 하는 유형입니다. 질문하는 건 참 좋은 일인데 재미있는 건 부린이일수록 거대 담론을 궁금해한다는 것입니다. 예를 들어, '우리나라 국민은 왜 이렇게 부동산에 목을 매는 거죠?' '저출산·고령화·인구절벽인데 부동산은 어떻게 될까요?' '부동산으로 앞으로도 돈 벌 수 있나요?' 같은 질문들입니다. 처음에는 질문의 담대함에 웃어넘기기도 했는데, 조금 더 생각해보니까 필요한 질문이었습니다. 부동산에 대해 알고 모르고를 논하기 전에 대한민국에서 살아가는 국민이기에 고민해야 하는 물음들이었습니다. 그런 점에서 1장의 질문들은 다 가치가 있고, 그만큼 제 대답은 조심스럽습니다. 저도 시시각각 변하는 부동산 흐름을 계속 공부하면서 더 나은 대답을 할 수 있게 노력할 것입니다.

부동산으로
진짜 돈 벌 수
있나요?

제가 카페에 앉아 커피 한잔하며 우아하게 쉬어볼까 하면 꼭 다가오는 이들이 있습니다. 그렇다고 모른 체할 수는 없으니까 저는 고개를 들고 바라봅니다. "무슨 일이시죠?" "표영호TV 잘 보고 있습니다. 이렇게 만난 것도 인연인데 꼭 한 가지 물어보고 싶은 게 있어서요." 전 이렇게 대답하죠. "물어보세요."

그러면 그분은 궁금한 것들을 물어보는데, 1장의 질문들은 제가 요즘 많이 받은 질문 베스트 8 안에 드는 것입니다. 그리고 그중에서도 압도적으로 많이 받은 질문은 "부동산으로 진짜 돈 벌 수 있나요?"입니다.

부동산으로 돈을 버는 것은 여전히 가능합니다

"부동산으로 진짜 돈 벌 수 있나요?" 돈 좀 벌었다는 사람들의 얘기를 들어보면 대부분 부동산으로 벌었다고 하는데, 정말 부동산으로 돈 버는 게 가능한지, 잘은 모르지만 부동산이 오를 때도 있고 내릴 때도 있는데 여전히 부동산으로 돈을 벌 수 있는지 궁금하다는 얘기죠.

결론부터 말씀드리면, 부동산으로 돈 버는 시대는 끝나가고 있지만 부동산으로 돈을 버는 것은 여전히 가능합니다. 이 무슨 '뜨거운 아이스 아메리카노' 같은 소리냐고요? 그래서 부동산은 어렵지만 동시에 매력적인 분야입니다.

지금까지 부동산으로 작은 부를 이룬 사람들은 대대수가 주거용 부동산(아파트나 빌라, 연립 등)을 샀는데, 그 값이 올라서 부자가 되었습니다. 좀더 큰 부를 이룬 사람들은 상업용 부동산(상가나 오피스텔 등)을 샀는데, 시간이 흘러 가격이 오르면서 부를 이루었습니다. 쉽게 말해 오를 것 같은 부동산을 적절한 시기에 매수하고, 시간이 흐르면서 가격이 상승하기에 매도하면 그만큼 시세차익으로 부를 일군다는 일종의 매뉴얼이 생겼습니다. 이 매뉴얼의 이름은 바로 '부동산 불패'입니다.

그런데 2024년 봄 부동산 시장에는 이런 말들이 흘러나왔습니다. '정해진 미래' 그리고 '예고된 재앙!' '정해진 미래'는 2가지를 말하는데, 하나는 '공급 절벽'이고 다른 하나는 '인구 감소'입니다. 대한민국은 공급 절벽과 인구 감소를 향해 가고 있다는 것입니다.

2024년 4월 국책연구기관인 국토연구원은 『주택공급 상황 분석과 안정적 주택공급 전략』이라는 보고서를 통해 공급 절벽의 현실화를 경고했습니다. 이 보고서에는 2023년 한 해 동안 진행된 전국 주택의 인허가, 착공, 준공 통계가 나오는데, 서울의 경우 인허가 2만 6,000가구, 착공 2만 1,000가구, 준공 2만 7,000가구로 모두 연평균의 50%도 안 됩니다. 이 보고서는 "2~3년 후 서울은 주택공급이 부족해지면서 가격이 불안해지는 현상이 나타날 수 있을 것"이라며 공급 절벽에 따른 집값 폭등을 예고하고 있습니다.

그런데 대한민국은 인구가 감소해 장기적으로 볼 때 집값이 하락할 텐데, 바로 이것이 '공급 절벽과 인구 감소라는 정해진 미래로 인한 예고된 재앙'이라는 얘기입니다.

하지만 제 생각은 좀 다릅니다. 새 아파트 공급량이 적어진다고 해서 집값이 더 오른다? 예를 들어보죠. 2020년, 2021년에 집값이 많이 올랐는데 그때도 공급은 넘쳤습니다. 반대로 2012년, 2013년, 2014년은 공급이 부족했던 시기인데 가격도 내렸습니다. 이 얘기는 아파트 가격이 수요와 공급이 일치하지 않아도 오를 수도 있고 내릴 수도 있다는 것, 아파트 가격은 공급보다는 결국 수요가 정한다는 것입니다.

옥석을 잘 가려야 부동산으로 돈을 법니다

사줄 사람이 있어야 공급이 필요한 건데 지금의 부동산 시장은 공급 후에 수요를 찾는 시장이 되었습니다. 이런 식의 공급이 결국 부동산 시장에서 유동자금이 얼어붙게 만들고, 그걸 해결하려고 소비자들이 다시 분양받을 수밖에 없어 빚만 잔뜩 지는 악순환이 반복되는 시장이 되었습니다. 즉 수요가 있는 곳에 공급이 있는 게 아니라 공급이 있는 곳에 미분양만 남았습니다.

'2~3년 뒤 공급 절벽'은 어쩌면 기정사실이지만 그렇다고 계속 지어서 분양하면 새 아파트를 사는 이들이 보유하고 있는 기존 아파트는 누가 사겠습니까? 물론 항상 새 아파트를 선호하는 이들이 많겠지만, 그렇다고 공급이 절대적으로 부족하다는 말이 성립되려면 공급되는 물량이 부족해서 돈을 들고 기다리는 사람들이 많아야 하는데 지금은 고금리·고분양가이기에 그걸 다 받아줄 돈이 시중에 없습니다.

2024년 4월 23일 한성대학교 부동산학과 이용만 교수가 발표한 『한국의 초저출산·초고령화와 부동산시장』이라는 보고서를 보면, 우리나라는 인구 감소로 2040년부터 집값이 장기 하락 국면으로 진입한다고 합니다. 수도권은 인구 정점 시기가 2036년, 가구 정점 시기가 2041년이라고 예측하며 지방은 인구 정점 시기가 이미 지났다고 봅니다.

"부동산으로 진짜 돈 벌 수 있나요?"라는 질문에 대한 답은 결국 이렇습니다.

"돈은 벌 수 있다. 단, 옥석을 잘 가려야 한다."

아무 데나 지으면 분양이 된다거나 아무 데나 가격이 하락한 집을 사놓으면 다시 오른다는 생각으로 돈을 벌어보려는 욕망은 이제 접어야 합니다. 지금까지는 전국적으로 집값이 올랐다면, 앞으로는 인구감소 지역에서는 단언컨대 그럴 일이 없습니다. 다만 지방에서도 인구가 늘거나 일자리가 늘어나는 경우는 오를 수 있습니다. 서울·수도권도 사람들이 선호하는 지역과 아파트단지는 눈여겨봐야겠지만 서울이라고 다 같은 서울이 아닙니다. 부동산 양극화는 지금껏 우리가 경험한 것과는 차원이 다를 수 있으므로 소중한 자산을 지키고자 한다면 정말 옥석을 잘 가려야 합니다.

부동산은 가격이 시장을 결정하는 게 아니라 심리가 가격을 결정합니다. 심리는 좋은 건 더 좋게, 나쁜 건 더 나쁘게 쏠리는 경향이 있기에 잘 다루어야 합니다.

내 집 마련을
반드시
해야 하나요?

2020년 연말에 한 취업포털에서 성인남녀 1,000여 명을 대상으로 설문조사를 했는데, 질문은 '새해 이루어졌으면 하는 소망을 사자성 어로 표현한다면?'이었습니다. 과연 어떤 대답이 많이 나왔을까요? 고진감래, 만사형통, 전화위복 같은 익숙한 사자성어들이 높은 순위에 올랐는데 제 눈에 딱 들어온 사자성어가 있었습니다. '내집마련.' '내집마련'은 사자성어 베스트 순위에 들지는 못했지만, 오죽하면 저렇게 답했을까 했던 생각이 납니다. 저는 '내집마련'이라는 네 글자가 『표준국어대사전』에 정식으로 올라야 한다고 생각하는데, 그 이유는 저에게 이렇게 물어보는 이들이 참 많기 때문입니다.

"내 집을 꼭 마련해야 하나요? 차라리 전세나 월세로 계약해서 좀더 큰 집에서, 좀더 살기 좋은 곳에서 사는 게 더 좋은 투자 아닌가요?"

"이번 생에는 내 집을 마련하기가 어려울 것 같은데 그대로 꼭 해야 하나요?"

자기 명의의 집은 반드시 마련하세요

이번 주제는 묻지도 따지지도 않고 결론부터 말씀드립니다. "내 집은 반드시 마련하세요. 자기 명의로 된 집 한 채는 꼭 매수하셔야 합니다." 왜 이렇게 강하게 얘기하냐고요? 지금부터 그 이유를 말씀드리겠습니다.

첫째, 아무리 좋아도 '남의' 집보다는 좀 불편하더라도 '내' 집이 낫기 때문입니다. 자신에게 온전한 소유권이 있는 것과 그렇지 않은 것의 차이는 생각보다 큽니다. 아무리 지하철역에서 가깝고 생활 편의시설이 발달한 좋은 입지에 자리 잡은 아파트라 해도 임차인이라면 인테리어 공사를 대대적으로 할 수 있을까요? 어떤 임대인은 계약서의 특약 항목에 '수리로 인한 변형 금지' '반려동물 금지' 같은 내용을 문서화합니다. 임차인이 '저는 이런 사항에는 동의할 수 없습니다'라고 하면 그 집에서 살기를 포기해야 합니다. 결국 '살아가는 공간이 내 집이 아니라면 그만큼 내 자유는 줄어들 수밖에 없다'는 씁쓸한 결론을 내려야 합니다.

둘째, 원치 않는 이사를 하는 상황이 오기 때문입니다. 온갖 손품과 발품을 판 끝에 겨우 마음에 드는 집을 찾고 '더 달라' '조금만 깎아주세요' 옥신각신하며 계약해서 살게 되었습니다. 하지만 계약기간 2년이 다가오면서 어떤 상황이 펼쳐질지 알 수 없습니다. 나갔으면 한다는 임대인의 요청을 받은 임차인이 2020년 개정된 「임대차보호법」을 잘 알기에 '계약갱신요구권'을 행사해 2년을 더 산다 해도 과연 마음이 편하겠습니까? 임대인은 똑똑한 임차인에게 2년을 양보할 수밖에 없지만 전세보증금을 5% 내에서 인상하는 권리를 내세웁니다. 이렇게 서로에게 약간의 찰과상을 입힌 정도로 휴전하겠지만 그 2년 후 더 큰 전쟁이 벌어집니다. 임차인은 임대인에게 '불안한 눈빛'을 보내며 '전쟁 같은 사랑', 아니 전쟁 같은 삶을 살아야 합니다.

그런데 이러한 상황이 나 혼자에게만 닥쳐오는 게 아니라 배우자가 있고 아이도 있다면 더 끔찍하지 않습니까? '초품아(초등학교를 품은 아파트)'라서 아이가 편안하게 초등학교에 입학해 친구도 사귀고 즐겁게 살고 있는데 2년 후 또는 4년 후 이사를 가야 한다면? 같은 단지에서 옮기면 되겠지 하고 전세 물건을 알아봤는데 없다면 어떻게 할 수 있을까요? 운이 좋아 다시 전세로 옮겼다 해도 2년 뒤, 4년 뒤 또 옮기면 될까요? 이게 다 그 집이 내 집이 아니기 때문에 생기는 일입니다. 이래도 내 집 마련을 목표로 하지 않겠습니까?

셋째, 전세사기로부터 자유로워지는 삶을 누릴 수 있기 때문입니다. 2022년에서 2023년 사이에 대한민국을 뒤흔든 전세사기 광풍에 많은 사람이 고통을 당했습니다. 몇몇 분은 그 고통을 이기지 못하고 극단적인 선택을 했습니다. 2024년 5월까지도 전세사기 피해자들의 고통은 전혀 해결되지 않고 있습니다.(이 글을 쓰는 시점에 국회에서 표결한 이른바 '전세사기특별법'을 대통령이 거부권을 행사할 것이라는 기사가 보입니다.)

전세사기가 일어난 집들은 주로 빌라였지만 아파트라고 해서 안심할 수 있는 것은 아닙니다. 기본적으로 전세로 사는 집은 언제 어떻게 될지 아무도 모릅니다. 사람 좋아 보이는 임대인이 대출을 과도하게 받은 뒤 해결하지 못하는 상황에 안 놓일 거라고 누가 장담할 수 있겠습니까? 경매로 나온 아파트가 수두룩합니다. 지금 이 순간에도 전세보증금을 돌려받지 못해 고통받는 임차인이 많습니다.

물론 대한민국의 법은 임차인을 보호하고자 여러 가지 장치를 마련해놓았습니다. 전입신고, 확정일자, 임차권등기설정 등 언제 닥칠지 모르는 상황을 이겨낼 수 있는 대항력 확보 방안들을 세입자가 구비하면 됩니다. 하지만 경매 절차로 들어가는 엄혹한 상황에서 자신의 금쪽같은 전세보증금을 돌려받기까지 그 투쟁은 두 번 다시 경험하기 싫은 극도의 스트레스를 줍니다. 그야말로 '집 없는 서러움'을 혹독하게 느끼게 되는데, 이런 일이 다 내 집이 아니라 남의 집이기 때문에 생깁니다.

근로소득에만 의존하면 안 됩니다

내 집을 마련하는 게 왜 좋은지 굵직하게 3가지 이유를 말씀드렸습니다. 이밖에도 내 집을 마련하는 게 남의 집에 사는 것보다 좋은 이유는 차고 넘칩니다. 어떤 이는 "언젠가 내 집을 마련하긴 할 텐데, 위험하게 대출받지 않고 열심히 일해서 월급 모아서 사려고요" 합니다. 이분은 그래도 앞에서 말한 '전세주의자'들보다는 낫습니다.

그런데 대한민국에서 순수하게 월급만 모아서 내 집을 마련할 수 있을까요?(월급이 1억 원인 사람은 제 얘기를 무시해도 됩니다.) 독하게 맘먹고 월급을 거의 안 쓰면서 차곡차곡 2년간 모았다고 해도 그때 인상되는 전세가가 더 높을 수 있습니다. 월급 모아 매수하려고 찜해둔 아파트는 2년 뒤 가격이 저 멀리 도망가 있습니다. 결국 월급 모은 돈을 임대인에게 고스란히 주어야 하는 상황이 비일비재합니다. 더군다나 상승장이라도 오면 이런 상황은 더욱 많아집니다.

어차피 월급을 차곡차곡 모으는 사람은 저축이 삶의 모토이니 대출을 일으켜 집을 매수해 원금과 이자를 갚아나가는 게 더 현명하다고 생각합니다. 매달 나가는 이자가 아깝다고 생각할 필요도 없습니다. 이자로 나가는 비용보다 집값 상승폭이 더 큽니다. 남의 집에 살면서 자유를 누리지 못하며 저축하는 것에 비해 내 집에 살면서 정서적으로 안정을 누리며 이자를 납부하는 삶이 더 낫다고 생각합니다.

대한민국이라는 자본주의 사회에서 돈을 모으는 방법은 크게 근로소득과 자본소득, 이렇게 2가지가 있습니다. 성실하게 일해서 돈을 버는 게 근로소득이고, 부동산이나 금융에서 돈을 버는 게 자본소득입니다. 저는 가능하다면 근로소득에만 의존하지 말고 자본소득으로도 수익을 창출하라고 강조합니다.

"무슨 얘긴지 알겠는데 도대체 어떻게 하면 자본소득으로 돈을 벌 수 있지?"라고 질문하는 모습이 눈에 선합니다. 그렇습니다. 자본소득의 출발점이 바로 내 집 마련입니다. 작든 크든 내 집을 마련하면, 이제 자본소득을 향해 출발선에 선 것입니다. 그러니 묻지도 따지지도 말고 내 집을 마련하기 바랍니다.

내 집을 마련하려면
청약을
꼭 해야 하나요?

"제가 아직 청약통장이 없는데, 청약통장은 꼭 만들어야 하나요?
집 사는 데 굳이 그렇게 어렵고 복잡한 절차를 밟을 필요가 있을까
해서요."

저는 청약통장을 반드시 만들어야 하는지 묻는 이들에게 몇 살인
지, 어디에 사는지, 집을 구매한 적이 있는지 등 호구조사를 간단히
합니다. 그리고 그런 제 질문에 답하는 이들 열 명 중 아홉 명에게
이렇게 말합니다.

"청약통장, 당장 만드세요."

대한민국에서 집을 사는 방법

대한민국에서 집을 사는 방법은 크게 4가지가 있습니다. 첫째, 공인 중개사 사무소를 방문해 매물을 둘러보고 마음에 들면 계약금·중도금·잔금을 치르는 방법. 둘째, 법원을 방문해 경매로 나온 집들을 보고 가장 높은 입찰가를 제출해 낙찰받아 상대적으로 저렴한 가격으로 집주인이 되는 방법. 셋째, 재건축이나 재개발 예정인 집을 사서 미래의 행복을 꿈꾸며 사는 방법. 넷째, 청약이라는 방식으로 집을 사는 방법.

집을 구매하고자 한다면 이 4가지 중 어떤 방식을 선택해도 상관 없습니다. 다만 제가 '청약'이라는 열차에는 꼭 탑승하면 좋겠다고 하는 이유는 나머지 3가지 방법도 동시에 진행할 수 있고, 그밖에 청약의 장점이 적지 않기 때문입니다.

청약은 말 그대로 신청하고 약속하는 것입니다. 국가에서 오래전부터 국민의 주거복지를 위해 마련해놓은 시스템입니다. 즉 청약제도는 '규칙으로 정해놓은 금액의 돈을 일정 기간 부어 자격을 획득하고, 새로 지어지는 공공 또는 민영아파트에 신청해서 선정되면 준공 후 입주해 집주인이 되는 시스템'입니다.

청약의 가장 큰 장점은 신축 아파트를 시세보다 저렴하게 구매할 수 있다는 것입니다. 무엇보다 공공택지나 일부 민간택지에서 공급하는 아파트는 이른바 '분양가 상한제'를 적용하기에 가격 면에서 훨씬 좋은 조건입니다. 분양가 상한제라는 규제 자체가 실수요자의 자금 부담을 줄이려고 나왔으니 어찌 보면 당연한 결과라 하겠습니다. 그러니 공인중개사를 통해 기존의 주택을 구매하는 것은 따끈따끈한 신축도 아니고 가격도 운 좋게 잡은 급매물이 아닌 이상 시세에 준할 테니 청약에 비할 게 못 됩니다.

게다가 '자금 계획과 조달'이라는 면에서 일반적 매매 방식과 비교해도 청약의 장점이 빛납니다. 공인중개사를 통한 매매는 계약금을 납부한 다음 중도금과 잔금을 마련하는 기간이 2~3개월, 길게 잡아도 4~5개월입니다. 물론 계획을 했으니까 매매에 나서겠지만, 그래도 수억 원에 달하는 주택 구입 자금을 6개월 안에 온전히 마련하는 것은 쉬운 일이 아닙니다. 그에 비해 청약은 입주자 모집공고에서 준공 후 입주까지 3~5년 정도 소요됩니다. 최초 계약금을 납부한 후 아파트가 지어지는 동안 내야 하는 중도금도 4~5회 나누어 내는 방식이 가능합니다. 이마저도 개인이 일일이 대출을 알아보지 않아도 됩니다. 시공사가 보증해 지정한 은행에서 이른바 집단대출 방식으로 납부할 수 있지요. 물론 단지마다 어느 정도 차이는 있으니 꼼꼼하게 알아보아야 합니다. 결국 청약은 장기적 관점에서 자금을 계획하는 것이 가능한 방식이라 하겠습니다.

또한 청약 방식으로 집을 구매한다는 것은 향후 적지 않은 시세차익을 얻을 수 있는 훌륭한 투자 상품을 소유하게 된다는 장점이 있습니다. 신축 아파트에 대한 관심과 인기가 높아지면서 청약에 당첨만 되면 이른바 'P'라고 칭하는 프리미엄이 붙게 됩니다. 일반화할 수는 없지만 서울과 수도권에서는 프리미엄이 수천만 원에서 수억 원 붙었다는 얘기도 흔합니다. 그렇기에 어떤 이들은 청약이라면 '영끌'해도 괜찮다고 말합니다.

'청약불패'라는 말도 있습니다. 선당후곰, 즉 '선 당첨 후 고민'이라는 신조어도 있을 정도입니다. 그만큼 청약 방식으로 집을 구매하는 것이 '무조건' 옳다는 얘기입니다. 물론 부동산 시장에 하락장과 상승장이 번갈아 나타나듯이 청약시장의 열기도 뜨거울 때와 차가울 때가 교차하므로 청약제도에 대해 책도 읽고 공부도 하면서 기회를 엿보아야 합니다.

청약통장부터 만들어야 합니다

로또를 구매하지도 않으면서 로또에 당첨되기를 바랄 수는 없는 법, 아직 가입하지 않았다면 열 일 제쳐두고 우선 청약통장부터 만들어야 합니다.

예전에는 청약예금, 청약부금, 청약저축 등 통장의 종류도 다양했는데, 다행히 2009년 5월부터 제도가 개선되어 한 가지로 통합되었습니다. 바로 '주택청약종합저축' 통장을 개설하면 됩니다. 그런 후 일정 금액을 매달 납입하면 되는데, 일반적인 아파트 분양 절차는 다음과 같습니다. '주택청약종합저축 가입 및 신청 자격 발생 → 입주자 모집공고 확인 → 청약 신청→ 입주자 선정 → 당첨자 조회 → 계약 → 준공 후 입주.'

주택청약종합저축 통장에는 과연 얼마 정도를 넣어놓으면(청약예치금) 자격을 갖추게 될까요? 청약 대상이 되는 아파트는 누가 건설해 공급하느냐에 따라 공공분양과 민간분양, 이렇게 2가지가 있습니다. 공공분양은 국가가 주도해 공급하는 아파트입니다. LH(한국토지주택공사)의 안단테, 휴먼시아 등을 말합니다. 민간분양은 민간 건설사가 지어 공급하는 아파트를 말합니다. 삼성물산의 래미안, GS건설의 자이 등이 있습니다. 그런데 공공분양이냐, 민간분양이냐에 따라 예치금 기준이 달라집니다.

일반 건설사가 공급하는 분양에서는 통장을 언제 만들었는지, 그리고 얼마나 들어 있는지를 봅니다. 예를 들어 서울의 전용면적 84m^2 아파트의 경우에는 투기과열지구에 속하니까 가입한 지 2년이 지나야 하고, 전용 85m^2 이하 아파트니까 예치금은 300만 원이 들어 있어야 합니다. 예치금은 한번에 다 넣어도 상관없습니다. 이에 비해 공공분양은 다릅니다. 납입 기간과 납입 금액을 봅니다. 그렇기에 가입한 지 얼마 안 되었거나 이제 막 가입했다면 '에이, 공공분양은 나하고 상관이 없는데?'라고 생각하겠지만, 성급하게 결론을 내리지 않아도 됩니다.

공공분양은 일반 공급과 특별 공급, 이렇게 2가지가 있습니다. 다행히 공공분양에서는 물량의 80%가 특별 공급으로 나옵니다. '특공'이라고 특별하게 부를 정도입니다. 특공에서는 누가, 얼마나 오랜 기간 납입했는지 거의 판단하지 않습니다. 특별한 자격에 들어가는 사람인지만 봅니다. 다자녀, 노부모 공양, 신혼부부, 생애 최초, 기관 추천, 미혼 청년 등의 특별한 자격이 될 수 있는 최소한의 조건에 해당하는 납입 기간과 납입 금액만 충족하면 됩니다. 일단 600만 원만 넣어두고 자신이 특공 유형에 들어가는지 알아보고 신청하면 됩니다. 더 자세한 사항은 청약홈 홈페이지에 들어가 자신에게 맞는 유형을 찾으면 됩니다.

청약에도 전략이 필요합니다

물론 청약으로 내 집을 마련하거나 투자하는 것이 모든 면에서 다 좋고 장밋빛 미래를 보장하는 것은 아닙니다. 무엇보다 자기 나이를 직시하면서 청약에 올인할지 냉철히 분석해야 합니다. 청약에도 전략이 필요합니다.

청약에 따른 분양의 가장 큰 단점은 당첨되기가 어렵다는 것입니다. 그래서 '청약로또'라는 말이 나왔겠지요. 예를 들어, 2020년 기준으로 서울에서 그중 괜찮은 지역이라고 하는 곳의 전용면적 84m² 아파트에 당첨되려면 청약가점이 최소 60점은 넘어야 합니다. 문제는 이것이 어지간한 3040 가장들이 달성하기가 쉽지 않은 점수라는 것입니다. 그렇기에 자신의 '무주택 기간'과 '청약통장 가입 기간' 등의 조건을 면밀하게 살펴 점수를 높여가며 청약에 도전할지, 아니면 매매로 구매할지 정하는 것이 좋습니다.

청약통장을 보유하는 또 다른 장점은 청약에 사용하지 않더라도 저축을 한 셈이라는 것입니다. 그렇기에 청약통장은 갖고 있는 것이 맞습니다.

인구가 줄어들면
아파트 가격도
하락할까요?

얼마 전 논현역과 신논현역 사이의 강남대로를 촬영할 만한 배경도 볼 겸 해서 걷고 있었습니다. 그런데 저만치서 시민 한 사람이 방송 카메라 앞에서 인터뷰를 하고 있었습니다. 호기심이 발동해서 무슨 얘기를 하나 들어보려고 천천히 걷는데 이런 얘기가 들려왔습니다.

"0.72라고요? 이게 대한민국의 합계출산율이라고요? 도저히 믿기지 않는데요?"

그분은 여러 번 비슷한 멘트를 반복했는데, 어느 방송사의 무슨 프로그램인지는 알 수 없었지만 우리나라의 저출산 문제에 대한 시민의 의견을 묻는 상황이었습니다.

'세대수' 또는 '가구수'를 보아야 합니다

2024년 1분기 합계출산율이 역대 최저를 기록했다는 우울한 뉴스가 나오고 있는데, 부동산 관련해서 이렇게 말하는 이들이 적지 않습니다. "대한민국의 인구가 줄어들어 주택 수요가 감소한다. 그러면 결국 집값이 떨어지게 되어 있다." 정말 그렇게 될까요?

'인구'라는 요소는 부동산 가격을 결정하는 여러 요소 중 강력한 변수라는 데 이의를 제기할 사람은 없을 겁니다. 그렇다면 대한민국 인구는 앞으로 어떻게 될지 통계를 들여다보겠습니다. 통계청이 2024년 5월 28일 발표한 『장래인구추계(시도편): 2022~2052년』 자료를 보면, 우리나라 인구는 2022년 5,167만 명에서 2024년 5,175만 명으로 정점을 찍은 뒤 지속적으로 감소합니다. 2052년에는 4,627만 명이 될 것으로 전망했습니다.

획기적인 대책이나 강력한 변화가 생기지 않는 한 출산율도 더 떨어지면 떨어졌지 올라가진 않을 테니 장기적으로도 인구가 늘어난다거나 하는 상황은 오지 않을 것으로 보입니다. 다만 2040년까지는 5,000만 명대를 유지하는 것으로 보아 적어도 단기간에 집값이 하락할 것 같지는 않습니다.

그래도 "인구가 줄어가는 건 확실하니까 주택 수요도 점점 줄어든다고 보는 게 맞지 않느냐?"라고 묻습니다. 천만 도시를 자랑하던 서울의 인구는 2016년 1,000만 명이 무너져 2023년 현재 938만 명

대입니다. 그런데 서울의 집값이 하락했나요? 그렇지 않다는 건 누구나 압니다.

그렇습니다. 인구를 볼 때 부동산 가격에 영향을 미치는 인구 요소는 단순히 인구수가 아니라 '세대수' 또는 '가구수'를 봐야 합니다. 행정안전부가 발간한 『2023 행정안전통계연보』를 보면 2022년 세대수는 2,370만 5,814세대인데, 이는 10년 사이에 무려 300만 세대가 증가한 것입니다. 주목할 점은 1인 세대가 1,000만 세대 돌파를 앞두고 있을뿐더러 전체 세대수 증가를 주도하고 있다는 사실입니다. 1인 세대와 2인 세대를 합한 비중은 계속 높아지는 반면, 3인 세대 이상의 비중은 낮아지고 있습니다. 결국 인구는 줄고 있지만 세대수는 증가하고 있기에 인구 감소가 부동산 가격에 미치는 영향은 별로 크지 않다는 것입니다.

인구의 지역별 양극화가 진짜 문제입니다

부동산 하락을 강조하는 이들은 이른바 베이비부머 세대가 자식들이 출가하면 1~2인 가구가 되니 주택을 매도하고 귀농·귀촌을 해서 여유로운 전원생활을 즐길 것이라는 얘기도 합니다. 고령층 주택 보유자들이 '다운사이징'을 한다는 겁니다. 예를 들어 30~40평대 아파트에서 살다가 자녀들이 분가한 뒤 10~20평대로 옮긴다는 말인데, 실제로는 그렇지 않은 경우가 허다합니다. 어르신일수록 의료시설이 가깝고 인프라가 좋은 도심에서 계속 살아가고자 합니다. 아파트 평수도 줄이기는커녕 대부분 자신들이 살던 주택에서 그대로 살려고 합니다.

그런데 대한민국이 아무리 세계적인 초저출산국이라고 해도 이대로 인구가 계속 줄어서 그야말로 국가소멸이라도 하게 될까요? 늘어만 가는 가구수도 2040년, 2050년 이후에는 결국 꺾이게 될까요? 그 지경이 되도록 대한민국 정부는 가만히 보고만 있을까요? 그렇지 않을 거라고 보는데, 그 이유는 다음과 같습니다.

첫째, 외국인의 증가입니다. 2023년 법무부에서는 '외국인 이민청'을 설립하려는 계획을 발표했습니다. 법무부에 따르면, 2022년 말 기준 대한민국에서 일하는 외국인 노동자는 84만 명에 달한다고 합니다. 약 40만 명으로 추산되는 불법 체류자를 제외한 숫자입니다. 캐나다는 2022년 한 해 동안 인구가 약 115만 명 늘었는데, 98%가 이민으로 증가한 것입니다. 우리나라도 머지않아 이민청이 설립되고 이민 정책을 적극적으로 추진한다면 인구에 영향을 미치지 않을 수 없습니다.

둘째, 2022년 한 해에만 이혼이 9만여 건 발생했습니다. 숫자만가지고 계산한다면 그해에만 주택 수요가 9만여 호 발생한 것입니다. 우리 모두 적극적으로 이혼해서 가구수를 늘려 주택 수요를 창출하자는 게 아닙니다. 외국인의 유입과 다양한 사회적 이슈에 따른

가구수 증가 현상도 만만하게 볼 게 아니라는 것입니다.

인구가 감소하는 대한민국에서 더 심각하게 봐야 할 것은 지역별로 양극화한다는 점입니다. 사람들은 점점 서울과 수도권, 대도시로 몰립니다. 대도시에 각종 인프라가 집중되어 있으니까 중소 도시와 계속 차이가 날 수밖에 없습니다. 바로 이런 점이 부동산 가격에 영향을 줍니다. 대도시 집값은 점점 올라갈 수밖에 없고, 인구가 감소하는 중소 도시의 집값은 하향세를 기록할 것입니다. 따라서 부동산 투자를 생각하는 분들은 지역을 잘 살펴보고 신중히 결정해야 후회하지 않습니다.

누구나 이왕이면 생활에 필요한 인프라가 잘 갖춰진 지역에서 살고 싶어 합니다. 누구나 창문을 열면 한강이 보이는 아파트에서 살고 싶어 하기에 한강을 조망할 수 있는 아파트의 가치가 점점 높아질 수밖에 없습니다. 장기적으로 인구가 준다고 해도 주거공간에 대한 욕망은 점점 더 세질 수밖에 없는 것이 현실입니다. 그러니 인구가 줄어서 집값이 하락할 것이라는 예측에 기대기보다는 부동산 시장의 흐름을 주시하며 자신만의 투자 기준을 확립해 나가는 자세를 갖기 바랍니다.

재건축·재개발에 투자하면
무조건
이익이 나나요?

서울은 지금 공사 중입니다. 조금 더 정확하게 표현하면, 서울은 지금 재건축(재개발) 중입니다.

기존에 있던 아파트들이 30년, 40년이 지나서 수도꼭지를 돌리면 녹물이 나오고, 벽에 금이 간 곳이 많아 '못 살겠다! 갈아보자'라는 캐치프레이즈로 재건축이라는 목표를 향해 저마다 앞서거니 뒤서거니 하는 형국입니다. 서울 주요 지역의 재건축이나 재개발 이슈가 있는 곳을 살펴보면 서초, 방배, 반포, 노량진, 여의도 등에 많은 조합이 설립되어 활동하고 있습니다.

재건축·재개발을 둘러싼 다양한 의견

아파트가 노후화하면 허물고 다시 짓는 게 맞습니다. 재건축이나 재개발로 신규 아파트 공급이라도 하지 않으면 새롭게 택지를 개발해 새 아파트를 건설해야 할 텐데, 안타깝게도 서울에는 그렇게 할 만한 땅이 없습니다.

그렇기에 재건축·재개발 이슈는 지금도 그렇고, 앞으로도 계속 존재합니다. 게다가 재건축·재개발은 투자 상품으로도 매우 좋다고 하니 누구든 관심을 가지지 않을 도리가 없습니다.

저에게도 많은 사람이 이렇게 묻습니다.

"재건축이나 재개발에 투자하면 무조건 이익이 나는 건가요?"

이렇게 질문하는 이들도 "네, '무조건' 이익이 납니다"라는 대답을 기대하는 건 아닐 겁니다. 다만 재건축·재개발이 투자 상품으로 그래도 이익이 나는 확률이 절반 이상은 되지 않겠느냐는 누군가의 얘기를 듣고 궁금했던 거겠죠.

재건축·재개발에 투자하면 좋다는 사람들의 의견과 투자할 때 조심해야 한다는 사람들의 의견을 함께 정리해보겠습니다. 양쪽 의견을 다 들어보는 것이 재건축·재개발의 투자 매력에 대해 판단하는 데 도움이 될 것입니다.

무조건 돈을 번다는 사람들의 논리

먼저 '재건축·재개발은 투자하면 돈을 번다'는 분들의 의견입니다.

첫째, 그래도 '덜 불안한' 투자라고 합니다. 아파트에 투자한다는 것은 앞으로 오를 것 같은 매물을 잘 골라 매수한 뒤 가격이 오른 다음 매도해 시세차익을 본다는 뜻입니다. 그런데 어떤 매물이 오를지 알기가 어려울뿐더러 향후 부동산 시장을 예측하는 것도 만만하지 않습니다. 그에 비해 재건축·재개발에서 나오는 매물은 주변의 기존 구축과 신축 아파트의 차이가 비교적 예측 가능하니 덜 불안한 투자라는 얘기입니다.

둘째, '여유를 가질 수 있는' 투자라고 합니다. 재건축·재개발은 시간이 꽤 오래 걸리는 작업입니다. 그러니 조바심을 내거나 부동산 시장의 변화에 민감하게 반응할 필요가 없다는 점에서 장기적 관점으로 접근할 수 있다는 얘기입니다.

셋째, 경쟁자가 '적은' 투자라고 합니다. 재건축·재개발은 보통 사람들에게는 심리적 진입장벽이 있는 투자처로 아무나 뛰어들지 않는다고 합니다.

넷째, 서울의 신축을 '가장 싸게' 살 수 있는 유일한 길이라는 얘기입니다. 서울에 더는 빈 택지가 없기에 재건축·재개발 말고 다른 방법이 없습니다. 게다가 조합원들에게 배분된 물량을 제외하고 남은 물량만 일반에 풀리기에 희소성이 확실하다고 봅니다.

위험한 투자라는 사람들의 논리

다음은 '재건축·재개발 투자는 신중하게 생각해야 하며, 자칫 안 하느니만 못한 결과를 가져올 수도 있다'고 보는 이들의 의견입니다.

첫째, '변동성이 큰' 투자라는 것입니다. 부동산 시장은 상승기가 있고, 하락기가 있습니다. 물론 보합기도 있죠. 부동산 상승기에는 아파트를 매수하겠다는 사람들이 많아지고 분양받겠다는 사람도 많아져서 재건축 사업 진행도 속도가 붙습니다. 반대로 부동산 하락기에 접어들면 상승기와는 반대 현상이 일어나 사업성이 떨어지는 방향으로 흘러갑니다.

재건축·재개발은 참으로 지난한 과정을 거칩니다. 재건축의 상징이 되어버린 대치동 은마아파트의 경우 세 번의 도전 끝에 안전진단을 통과한 것이 2010년입니다. 그런데 도시계획위원회의 심의는 2022년 하반기에 통과했습니다. 재건축의 첫 번째 문턱을 비로소 넘은 겁니다. 재건축 논의가 나오고 입주하기까지 빨라야 10년이고, 20년 넘는 단지도 허다합니다. 그사이에 부동산 시장의 사이클은 몇 차례 돌고 돈다는 걸 확실하게 인지해야 합니다.

둘째, '때와 장소'를 잘 보고 투자를 결정해야 한다는 것입니다. 재건축·재개발이 진행되는 새 아파트의 입주권을 얻으려고 하는 경우, 먼저 어떤 지역에서 진행되는지 확인해야 합니다. 투기과열지구인지 등을 알아봐야 한다는 것이죠. 운 좋게 매물을 확보했다 해도 투기과열지구에서는 특정 단계 이후에 매수하면 입주권을 받지 못하기 때문입니다. 또한 사업 진척이 현재 어떤 단계에 있는지도 꼼꼼하게 알아봐야 합니다. 조합이 설립되었는지, 관리처분인가 단계인지 등에 따라 투자가치가 달라집니다.

셋째, 결국 '사람'에게 달린 투자라는 것입니다. 재건축·재개발 하면 조합원들끼리 다투고 '너 죽고 나 죽자'는 식의 분쟁 장면이 어렵지 않게 떠오릅니다. 이 사업은 국가에서 주도적으로 하는 것이 아닙니다. 아파트의 주민들이 힘을 합치고 머리를 맞대어 진행해야 하는 사업입니다. 그렇기에 재건축·재개발 투자를 염두에 두고 임장을 가면 가장 먼저 인근 공인중개사 사무소를 방문해 이런저런 얘기를 나누다가 꼭 이런 질문을 던져야 합니다. "여기 조합은 잘 굴러가요? 갈등이 많다던데…." 최대한 조합 상황을 파악한 다음에 투자 여부를 결정해야 합니다. 진척이 잘되지 않는 현장, 안전진단을 통과했으니 속도가 붙고 값도 올라갈 것 같은데 오히려 매물이 늘어나는 곳은 많은 경우 조합에 문제가 있습니다.

이밖에 추가분담금 인상 여부, 조합에서 말하는 용적률 확인, 지자체와 국토교통부의 재건축·재개발 정책 방향에 따른 변동성이 큰 현장 파악 등 투자를 생각할 때 체크하고 알아보고 파악해야 할 것이 무척 많습니다. 재건축·재개발 투자는 제대로 한다면 큰 수익을 가져오지만, 그렇지 못하면 10년 이상 물릴 수 있는 투자이기 때문입니다.

내가 아니라 자녀를 생각하고 투자하십시오

재건축·재개발 투자를 용기를 내서 하는 방향으로 몸과 마음이 움직이나요? 안 그래도 만만치 않다고 생각했는데 이번 생에는 재건축·재개발 투자 리그에는 아예 발을 들여놓지 않겠다는 쪽으로 움직이나요?

재건축·재개발 투자의 장점과 단점을 알려드렸으니 직접 판단하라며 쏙 빠지지 않고 제 생각을 말씀드리면, 재건축·재개발 투자는 무엇보다 '내가 아니라 자녀를 생각하고' 하십시오. 처음부터 마음가짐을 이렇게 해야 재건축·재개발 투자를 할 기본이 되었다고 봅니다. 재건축·재개발 투자는 시간과의 싸움이기 때문입니다.

재건축·재개발은 계속될 수밖에 없습니다. 신규 택지가 없는 서울은 더욱 그렇고, 수도권도 크게 차이가 없습니다. 이는 앞으로 재건축·재개발을 할 주택은 많아질 수밖에 없고, 그만큼 그동안 재건축·재개발이 누려왔던 희소성이라는 가치는 점점 낮아진다는 얘기입니다. 저는 점점 많은 기회가 여러분 앞에 펼쳐질 것이라고 봅니다.

입지가
좋다는 게
무슨 뜻이죠?

부동산 관련 책을 읽다가 이런 문장을 본 적이 있을 겁니다. "첫째도 입지, 둘째도 입지, 셋째도 입지다." 그만큼 부동산에서 입지라는 요소가 매우 중요하다는 말일 텐데, 실거주하든 투자 목적으로 매수하든 부동산을 분석할 때는 입지라는 요소를 가장 최우선에 두라는 뜻이지요.

그렇다면 입지가 좋다는 말은 무슨 뜻일까요? 어떤 입지가 좋은 입지일까요? 여러 저자가 말하는 좋은 입지의 조건 몇 가지로 추려보면 다음과 같습니다.

좋은 입지의 기본 조건

첫째, 학군, 상권, 환경 등 제반 요소가 잘 갖춰져 있고 직주근접, 즉 일자리와 가까운 거리이거나 빠르고 편리하게 이동할 수 있는 교통망이 있는 곳입니다. 학업성취도가 뛰어난 학교들이 있고, 초등학교가 단지 안에 있으며, 소문난 학원이 많은 동네입니다. 대형마트와 백화점이 가까이에 있으며, 생활에 필요한 다양한 상가가 형성되어 있는 단지입니다. 여기에 뛰어난 자연환경까지 어렵지 않게 이용할 수 있다면 정말 좋은 입지를 갖춘 곳이라 할 수 있습니다. 서울의 핵심 지역인 강남구와 용산구 등이 이런 입지에 해당하고, 수도권으로 넓히면 성남, 과천, 안양, 하남도 좋은 입지의 기본 조건을 잘 갖춘 지역입니다.

둘째, 앞으로 새롭게 변신할 것으로 기대되는 위치에 있는 곳들입니다. 즉 재건축이나 재개발 예정지역인데, 수도권의 택지지구와 서울의 정비사업으로 지정된 구역들을 말합니다. 예를 들어, 경기도 안양, 광명, 의왕, 구리 등에서 진행 중이거나 진행 예정인 정비사업의 내용을 항상 체크해야 합니다.

이러한 지역들이 좋은 입지를 갖추었다고 할 수 있는 이유는 이곳이 신축 아파트단지와 마을이 되기도 하지만, 오래전부터 교통망이 편리하기 때문입니다. 비록 고공행진 중인 공사비 이슈 등이 있긴 하지만 예정된 미래는 더뎌도 오기에 입지의 가치는 변하지 않는다고 할 수 있는 곳들입니다.

교통은 입지에서 워낙 중요하니 조금 더 다루어보겠습니다. 흔히 호재를 얘기할 때 처음으로 꼽는 것이 바로 '교통 호재'입니다. 누군가 뉴스에서 보았다며, 유력 인사에게 들었다며 전하는 교통 호재는 의외로 호재가 아닐 가능성이 높습니다. 남의 말에 귀 기울일 시간에 국토교통부의 '국가철도망 구축계획' 같은 자료에서 먼저 큰 그림을 확인하고, 해당 지역 관할 지자체의 '도시기본계획'이나 '도시철도망 구축계획' 같은 자료들을 직접 체크하며 호재 여부를 따져보는 습관을 들여야 합니다.

서울의 지하철노선도를 보면 그야말로 지하철이 안 가는 곳이 있을까 싶을 정도로 노선이 빽빽해서 모든 곳이 역세권 입지 아니냐고 하겠지만, 절대 그렇지 않습니다. 역세권이라도 다 같은 역세권이 아니어서 핵심 업무지역과 가까운 지하철인지가 중요합니다. 지하철노선도 서울의 3대 핵심 업무지역인 CBD(도심)·YBD(여의도)·GBD(강남)를 얼마나 편리하게 도달하는 노선이냐에 따라 그 가치가 달라집니다.

최근 GTX-A 노선이 일부 개통되었는데, 기대에 미치지 못하는 노선이라는 의견이 적지 않습니다. 하지만 전 노선이 개통되고 시간이 좀더 흐르면 GTX 노선으로 가치가 올라가는 지역은 반드시 있습니다. GTX 노선은 해당 역이 많지 않아서 권역 안에 역이 딱 한 곳만 있습니다. 지하철의 경우 3호선 한티역에서는 멀지만 신분당선에서는 가까운 지역이 있는데, GTX역의 경우 있거나 아예 없거나 둘 중 하나입니다. 그만큼 차별화 포인트가 있습니다.

셋째, 입지를 완성하는 것은 좋은 자연환경입니다. 교통이나 생활 편의시설 같은 요소들은 변화할 가능성이 있습니다. 상권도 뜨는 상권이 있는가 하면, 지는 상권도 있습니다. 즉 주거환경은 변화하는 데 비해 자연환경은 변화하지 않고 늘 그곳에 있습니다.

물론 자연환경이라고 해서 산이나 바다, 강만 의미하는 건 아닙니다. 녹지가 많은 공원, 호수, 숲 등을 모두 포함하는 요소인데, 이러한 환경이 함께하는 곳은 좋은 입지입니다. 그렇다고 좋은 입지의 첫 번째 요소로 자연환경을 꼽는 것은 아닙니다. 교통, 학군, 생활 등의 조건에 자연환경이 더해지면 비로소 좋은 입지가 완성된다는 뜻입니다.

좋은 입지는 미래가치를 담고 있습니다

부동산에서 입지가 중요하다고 말하는 까닭은 좋은 입지는 미래가치를 담고 있기 때문입니다. 상승할 때 같이 가치가 올라가고 하락할 때는 다른 부동산에 비해 덜 하락하는 게 좋은 입지의 힘입니다.

하지만 '부동산에서는 입지가 전부'라는 생각으로 확대해나가는 건 경계해야 합니다. "첫째도 입지, 둘째도 입지, 셋째도 입지"라는 말을 불문율로 받아들이고 적용하는 자세는 지양해야 합니다. 왜냐하면 입지의 장점을 넘어서는 다른 요소가 얼마든지 있기 때문입니다. 예를 들어 정부 정책일 수도 있고, 시장 변화일 수도 있습니다.

가깝게는 우리 삶 자체를 뒤흔들었던 코로나19 팬데믹이 있었습니다. 그 시기에는 입지가 좋은 곳에 있는 상점이나 골목 후미진 곳에 자리 잡은 상점이나 가리지 않고 막대한 타격을 입었습니다. 누구나 처음 겪어보는 '사회적 거리두기'라는 정책이 시행되었고, 식당에 가서 테이블 사이에 칸막이를 세워두고 식사했으며, 권위주의 정부 시절의 통행금지보다 더한 시간제한을 겪어야 했습니다. 이런 상황에서 '좋은 입지'라는, 탄탄하다고 여겼던 토대도 여지없이 무너졌다는 걸 우리는 잘 알고 있습니다.

그렇기에 입지를 바라보는 시선도 고정할 필요가 없습니다. 무엇보다 '입지 첫째주의(제가 만든 말입니다)'에 매몰될 필요가 없는 것은 안타까운 현실이지만 누구나 좋다고 인정하는 입지에 있는 아파트라면 너무 비싸서 덜컥 매수할 수 없기 때문입니다. 우리가 더 심혈을 기울여야 하는 부동산은 '앞으로 더 오를 것이라 예상되는 입지 좋은 강남 아파트'보다는 '내 능력으로 살 수 있는 덜 좋은 입지의 저평가된 아파트'입니다. 그러한 곳들을 찾아내는 안목을 기르는 공부가 더 필요합니다.

또한 실거주를 생각하는 투자자라면 좋은 입지를 구성하는 여러 가지 요소 중 자신의 삶과 부합하는 최적의 요소 한두 가지를 적용할 수 있는 지역을 찾아야 합니다. 그렇게 하려면 남들 이야기나 뉴스에만 매달리지 말고, 직접 그 지역에 가서 찬찬히 걸어 다니며 둘러보고 느껴봐야 합니다.

자차로 가서 수박 겉핥기 정도로 하는 임장은 권하지 않습니다. 대중교통을 이용해 해당 지역을 충분히 경험해야 합니다. 여건이 된다면 자기 직장이 있는 지역에서 대중교통으로 출발해 해당 지역에 도착한 뒤 마치 그곳 주민인 양 이곳저곳 둘러보면 가장 좋습니다. 그 과정에서 '여기서 살면 얼마나 좋을까?' 하는 감정이 올라오는지, 그렇지 않은지 내면의 소리에 귀를 기울이면 됩니다. 투자 목적이라면서 자차로 가거나 몇 사람이 의기투합해 몰려가서 투자 여부를 결정하는 행동은 자신을 위해서도 바람직하지 않습니다.

자신이 살고 싶은 지역, 거주해보고 싶은 아파트라야 다른 사람도 매수하기 좋고, 임대도 잘됩니다. 다른 사람들이 살고 싶어 하는 아파트도 가치가 오르겠지만, 우선 내가 살고 싶은 아파트라야 완벽해집니다. 제가 생각하는 좋은 입지는 이런 조건을 충족하는 곳입니다.

부동산의
매력은
무엇인가요?

사람들은 저를 만나면 꽤 많은 질문을 합니다. 이 질문들은 여러 갈래로 나뉘는데, 제가 이러이러한 집에 살고 있는데 팔아야 할지 말아야 할지, 어떤 지역의 부동산이 뜰지, 앞으로 대한민국의 부동산은 어떻게 될지, 이런 일을 겪었는데 부동산 사기가 아닌지 등 저마다 다채로운 궁금증을 표현합니다.

그런데 이 모든 질문과 궁금증의 밑바닥에 깔린 공통된 그 무엇을 딱 한 문장으로 표현한다면 "부동산의 매력은 무엇인가요?" 아닐까 싶습니다. 부동산 투자의 매력일 수도 있고, 부동산 공부의 매력일 수도 있는데, 제가 생각하는 부동산의 매력을 소개합니다.

주식과 비교할 때 부동산의 매력

부동산을 떠올릴 때 비교 대상으로 자주 거론되는 대상이 바로 주식입니다. 부동산 투자와 주식 투자 중 어느 쪽이 더 매력 있는지 고민하는 것입니다.

저는 부동산보다 주식에 먼저 관심이 있었습니다. 20대 때부터 주식에 관심이 생겨 공부도 하고 사람도 만나고 투자도 해보았는데, 아시다시피 지금은 주식보다 부동산에 훨씬 더 많은 비중을 두고 있습니다. 2가지 모두 경험했기에 다른 이들보다 조금이라도 더 얘기할 수 있다고 생각합니다. 그럼 주식과 비교할 때 부동산의 매력은 무엇일까요?

첫째, 부동산은 내 일상을 잡아먹지 않습니다. 무슨 말이냐고요? 소액이라도 주식에 투자하면 하루에도 몇 번씩 주식 애플리케이션을 열고 확인합니다. 개장하는 아침 9시부터 시간외거래가 끝나는 오후 6시까지 시시때때로 확인하게 됩니다. 주식 가격은 수도 없이 등락을 반복하기에 크든 작든 특정 종목에 자금을 넣는 순간 해당 종목의 주가 변화에 신경 쓰지 않을 수 없습니다. 물론 부동산도 가격 변화에 신경 쓰지만 주식처럼 일희일비하지는 않습니다. 그렇기에 부동산에 비해 주식은 일상의 리듬을 깨뜨리기 매우 쉽습니다. 그나마 주식시장은 오후에 장이 끝나기라도 하지 가상화폐에 투자한다면 24시간 살피느라 잠이 부족할 확률이 적지 않습니다.

둘째, 부동산은 상대적으로 내 판단과 주체적인 행동반경의 크기가 꽤 큽니다. 주식은 어떤 종목에 투자해야 하는지, 종목을 정했다면 언제 사야 하는지, 샀다면 언제 팔아야 하는지 정도만 판단하면 행동으로 표현할 것이 그다지 없습니다. 그저 주식을 사기와 팔기를 반복할 뿐입니다. 그에 비해 부동산은 사는 것, 파는 것 외에 사용할 수도 있습니다. 주식이 투자가치만 있다면 부동산은 투자가치 외에 사용가치도 있다는 뜻입니다. 부동산은 지지고 볶고 할 여지가 꽤 있습니다.

셋째, 주식은 자칫 가치가 0으로 수렴할 수 있지만, 부동산은 건물과 토지는 남아 있습니다. 즉 부동산은 사라지지 않는 실물자산이라는 속성이 있습니다. 부동산의 매력을 3가지만 말씀드렸는데, 설득이 되나요?

부동산의 단점 또는 주의해야 할 점

무엇이든 양면이 있고, 작용이 있으면 반작용이 있습니다. 부동산에도 매력만 있는 것은 아닌데, 부동산의 단점 또는 주의해야 할 점을 짚어보겠습니다.

첫째, 부동산 투자를 결심했다면, 주식에 비해 꽤 많은 돈을 준비해야 합니다. 주식은 소액으로도 얼마든지 투자할 수 있습니다. 1주에 1,000원짜리 주식이라면 1,000원만 있어도 주식 투자자가 될 수 있습니다. 그에 비해 부동산은 꽤 많은 돈이 있어야 투자할 수 있습니다. 소액으로 부동산에 투자할 수도 있지만, 부동산에서 예로 드는 소액은 적게 잡아도 1,000만 원입니다. 물론 경매에서는 100만 원 단위로도 투자는 가능하고, 리츠 같은 부동산 간접투자 상품의 경우 10만 원 단위로도 가능하지만, 이는 일반적인 부동산 투자라고 하기에는 조금 미흡합니다.

둘째, 단기간에 수익을 기대한다면 부동산 투자는 재고해야 합니다. 주식도 마찬가지겠지만 투자는 싸게 사서 비싸게 팔아 수익을 남기는 행동입니다. 아파트에 투자해 수익을 내겠다는 목표를 세웠는데, 함박눈 내리는 날에 매수해 동백이 피기 전에 매도해서 큰 수익을 기대한다면 실망할 가능성이 매우 큽니다. 믿을 수 없는 상승장이 도래해 자고 일어났더니 1억 원이 올라 있더라는 과거 어느 해 같은 이례적인 상황이 아니라면, 그러한 기대는 애초에 생각하지 않는 게 맞습니다. '부동산 사이클은 10년 주기'라는 말도 있듯이 길게 보고 가야 합니다.

셋째, 부동산은 변화무쌍하고 예측 불가입니다. 부동산 시장의 움직임을 예측하는 전문가들은 항상 있지만, 그들도 대략적인 흐름만 얘기합니다. 부동산에 변화를 주는 변수가 너무 많기 때문입니다. 수요와 공급, 금리, 환율, 정책, 정치, 외부 환경 등 부동산에 변화를 주는 요소들은 서로가 서로에게 영향을 미치면서 변화를 만들어가고, 그 변화는 또 다른 변화의 시작이 되어 물고 물립니다. 확실한 건 딱 한 가지, 아무도 모른다는 것입니다.

주식으로 부자가 된 사람은 만나기 쉽지 않습니다

그럼에도 결국 부동산입니다. 앞서 말씀드렸듯이 저는 주식도 해보았고, 부동산도 해보았습니다. 주식하는 이들도 알고, 부동산 투자하는 이들도 압니다. 주식으로 부자가 된 사람은 만나기 쉽지 않지만, 부동산으로 부자 된 사람은 적지 않게 있습니다. 제 경험과 그분들 이야기를 종합해보면 결국 부동산입니다. 그렇다고 제 결론이 묻지도 따지지도 말고 무조건 부동산에 투자해야 한다는 것은 아닙니다. 저는 부동산의 매력과 부동산 투자가 해볼 가치가 있다는 말씀을 드리는 겁니다.

지금은 과거와 많이 달라졌습니다. 부동산에 관한 정보는 널려 있고 공유됩니다. 국토개발계획이나 도시기본계획이라는 이름의 계획을 국가기관에서 공개적으로 발표합니다. 관심을 가지는 한 예전처럼 소수가 쑥덕쑥덕해 소리 소문 없이 개발하는 이른바 '기울어진 운동장'은 이제 찾아보기 어렵습니다.

부동산 시장에 참여하는 많은 이들이 시험을 치르는데 일종의 '오픈 북' 형태가 되었습니다. 공개된 계획과 자료들을 놓고 누가 더 제대로 분석하는지, 합리적인 예측을 하는지가 중요합니다. 저마다 손에 쥔 자금의 크기만 다를 뿐, 시장에 들어와 뛸 자격은 누구에게나 공평하게 주어져 있습니다. 그래서 부동산 공부가 필요합니다.

부동산은 말 그대로 움직이지 않습니다. 가치는 사라질 수 있어도 부동산 자체는 없어지지 않습니다. 누구나 작든 크든 집에서 살기에 부동산은 일생을 걸고 관심을 두고 공부하고 투자까지 해볼 만한 매력이 충분합니다.

대한민국의 집값,
앞으로
어떻게 될까요?

결국 이 질문입니다. 부동산에 관심을 두고 부동산 공부를 하는 이유도 궁극적으로 이 질문에 대한 답을 얻기 위해서입니다. 집값이 앞으로 어떻게 될지 그때그때 알아차려야 제대로 투자할 수 있으니까요. 최소한 손해 보는 일은 경험하지 않을 테니까요. 대한민국 경제의 향방에 영향을 미치는 요소들인 금리, 환율, 경기의 흐름 및 정부의 정책 등에 대해 이해하고자 하는 건 결국은 집값의 방향이 궁금하기 때문이지요. 제가 강의를 마치면 손을 들거나 나가려는 저에게 다가와서 하는 질문들의 최대 공약수 역시 이것이었습니다. "집값, 앞으로 정말 어떻게 될까요?"

꼬리에 꼬리를 물고 질문해야 합니다

지금 제가 카메라 앞에서 생방송으로 촬영한다면, 현재 집값 흐름을 소개하면서 집값의 향방이 어떻게 될지 제가 아는 한 말씀드릴 수 있지만, 키보드를 두드리는 지금 이 글이 언제쯤 여러분에게 도달할지 알 수 없기에 매우 안타깝지만 올해 집값이 어떻게 될 것 같다는 식으로 단정하지 못하겠습니다.

2024년 6월 현재 전세가가 54주 연속 상승하고 있고, 지난 두 달 동안 주택담보대출이 무려 9조 원가량 증가했으며, 서울의 아파트 거래량이 2년 9개월 만에 5,000건대를 보일 정도로 늘고 있고, 일부 지역에서 아파트 가격이 상승하고 있지만, 이런 이유들을 근거로 2024년 하반기는 집값이 지속적으로 상승할 것 같다고 말씀드리지는 못합니다. 각각 현상이 나타나게 된 원인을 찾아봐야 하고 그러한 원인은 앞으로 얼마든지 변화할 수 있기 때문입니다.

그렇지만 거시적 차원의 뜬구름 잡는 담론만 할 수도 없으니 방금 말씀드린 상황을 좀 더 다뤄보겠습니다. 어떠한 현상이 포착된다면 먼저 이런 질문을 던져야 합니다. "아파트 가격이 오르고 있다는데 왜 그렇지? 거래량이 는다는 것은 수요가 늘어났다는 건데, 수요는 왜 늘어났지? 그 수요는 어떤 성격의 수요지? 즉 어떤 사람들이 아파트를 사는 거지?" 하는 식으로 꼬리에 꼬리를 물고 궁금증을 던져야 합니다. 그 원인을 알아봐야 합니다.

주택담보대출이 늘어났다는 것의 진짜 의미

누군가 아파트를 매수하는 이유는 실거주하거나 다른 사람이 살게 하거나 둘 중 하나입니다. 즉 실수요가 있고 투자 수요가 있는데, 이 것은 여타 재화에는 없고 부동산에만 해당하는 수요의 특징입니다. 부동산만 사용가치와 미래가치가 공존하기 때문입니다.

그런데 주택담보대출이 늘어났다는 건 주택을 매수한 사람들이 주택담보대출을 받았다는 얘기인데, 세입자를 들이려는 매수자는 일반적으로 주택담보대출을 하지 않습니다. 결국 늘어난 수요는 아 파트를 매수해 직접 거주하려는 사람들이 만들어낸 실수요인 것입 니다. 그렇다면 이렇게 실수요가 늘어나고 있다는 사실을 근거로 앞 으로 아파트 가격이 계속 상승할 것이라고 예측하면 맞을까요?

제가 부동산 시장의 방향을 예측하려고 자주 들여다보는 것 중 하 나가 과거 상황입니다. 시장은 여러 요소가 얽히고 맞물리고 변화하 면서 가격 사이클을 만들어왔습니다. 상승기에 접어들어 폭등하고 조정을 거친 후 하락하고 다시 조정을 거치다가 상승하는 식이지요.

주택담보대출이 늘어나면서 아파트 가격이 상승한 사례는 과거에 도 여러 차례 있었는데, 2009년이 대표적입니다. 당시 사람들이 빚 을 내서라도 아파트를 사지 않으면 안 되는 분위기였는데, 그 후 상 승을 지속하지 못하고 하락기로 들어갔습니다. 아파트 시장은 투자 수요가 들어오지 않으면 실수요로만 끌어갈 수 없기 때문입니다.

집값의 향방은 다양한 지표를 참고해야 합니다

2024년 하반기에는 아파트 가격이 상승할 거라는 예측의 근거로 금리 하락을 말하는 의견들도 있는데, 일반적으로 금리가 하락하면 이자 부담이 줄어드니까 수요가 증가해 상승세로 들어선다고 합니다. 반대로 금리가 상승하면 이자가 늘어나고, 이자가 늘어나면 집을 살 능력, 즉 수요가 줄어들어 집값이 하락한다는 논리입니다.

그렇지만 이 경우도 과거를 들여다보면 금리가 하락했는데도 아파트 가격이 하락했던 사례를 어렵지 않게 찾을 수 있습니다. 그래서 다시 수요 얘기를 하지 않을 수 없는데, 부동산에 적용되는 수요는 유효수요가 크게 제한되어 있습니다. 즉 사고 싶어 하기만 하는 가짜수요가 많은 거지요. 부동산이 비싸고 이미 너무 많이 올라 있기 때문입니다.

환율도 들여다봐야 합니다. 환율이 높아지면 수입 물가가 올라가고 국내 물가가 상승하면서 금리도 상승해 가처분소득이 줄어들므로 집값은 하락세로 들어갑니다. 반대로 환율이 하락하면 물가 하락과 금리 하락을 거쳐 집값이 상방 압력을 받게 됩니다.

이밖에 집값의 향방을 알아보려면 점검해야 하는 다양한 지표를 참고해야 합니다.

첫째, 한국부동산원에서 발표하는 매매수급지수가 있습니다. 이 지수는 집을 사려는 심리, 즉 부동산 매매 심리를 나타냅니다. 0에서

200 사이에서 기준선이 100보다 낮을수록 집을 매도하려는 사람들이 많다는 뜻입니다.

둘째, 국토교통부에서 제공하는 미분양 통계를 봐야 합니다. 시장에서 주인을 만나지 못하는 미분양 물량이 늘어나면 부동산 하락기에 들어선다는 신호입니다. 지금은 준공 후 미분양을 뜻하는 악성 미분양이 10개월째 늘고 있다고 합니다.

셋째, 국토교통부에서 제공하는 공급 물량 정보를 체크해야 합니다. 주택 부분에서 인허가 실적, 준공 실적, 착공 실적 통계를 찾을수 있는데, 준공 실적은 입주 물량과 거의 흡사한 통계라고 할 수 있습니다. 인허가 물량 정보는 3~4년 후 예상할 수 있는 공급량을 의미합니다.

수요가 공급을 창출하는 시장이 되었습니다

과거에는 '아파트를 많이 공급해야 수요가 살아난다'는 이야기를 했습니다. 즉 공급이 수요를 창출하는 시장이었습니다. 하지만 지금은 수요가 공급을 창출하는 시장입니다. 너무 비싸게 분양하다 보니 수요가 받아주기 어렵기 때문입니다. 2006년 이후 실질 근로소득이 가장 크게 낮아지고 있다고 합니다. 그나마 전세가가 매매가를 받쳐주고 있고, 특례보금자리론 40조와 신생아특별대출 27조로 집값을 부양하고 있는 상황입니다. 이마저도 이른바 약발이 다해 이미 서울에만 매도 물량이 8만 5,000호가 나와 있는 상황에서 아파트 가격이 계속 상승할 것이라고 기대하기는 쉽지 않습니다.

이밖에 아파트 청약경쟁률은 상승하고 있는지 하락하고 있는지, 전세가격은 어떤 추세인지, 실거래 가격 추세는 어떠한지 등을 KB부동산을 활용해 체크해야 합니다. KB부동산은 타 사이트 기록과 달리 1986년부터 조사된 통계가 있어 좀더 넓은 기간을 두고 분석할 때 유용합니다.

또한 집값의 방향을 예측할 때 빼놓을 수 없는 것이 정부 정책입니다. 부동산 시장의 변화에 따라, 규제를 강화하는 정책이냐 약화하는 정책이냐에 따라 큰 영향을 미칩니다.

어디가 오를지 물어야 합니다

그럼 집값은 앞으로 계속 하락할 것이라고 결론을 내야 할까요? "집값은 앞으로 어떻게 될까요?"라는 질문을 던지고, 그에 대한 답은 상승과 하락밖에 없으니 둘 중 하나에만 손들어주고 끝내는 게 맞을까요? 그렇지 않습니다. 이제는 질문을 바꿔야 합니다.

집값은 앞으로 어떻게 될지를 묻지 말고 어디가 오를지를 물어야 합니다. 강남에 입성하는 것만 목표로 하지 말고, 대한민국에서 제2,

제3의 강남은 어디가 될지를 물어야 합니다. 예를 들어 서울의 용산구, 강동구가 있고, 많이 올랐다가 빠진 지역들인 노원구, 도봉구, 강북구도 눈여겨봐야 합니다.

무엇보다 가장 중요한 건 일자리입니다. 지방 중에도 일자리가 늘어가는 곳들이 꽤 많습니다. 어떤 지역에 스타트업이 많이 생기는지, 그들에 대한 지원을 많이 하는지 찾아봐야 합니다. 대전을 봐야 하고 세종, 청주도 주목해야 하는 도시입니다.

이제 '전국 평균 집값' 통계는 큰 의미가 없는 시대입니다. 대한민국의 집값이 앞으로 어떻게 될지 묻지 말고 대한민국의 어느 지역으로 사람이 몰리고 일자리가 몰리고 혁신 기업들이 생기는지 주목하면 그 지역의 집값이 눈앞에 나타날 것입니다.

중요한 내용이니 거듭 강조합니다. 집값은 앞으로 어떻게 될지를 묻지 말고, 어디가 오를지를 물어야 합니다. 질문을 이렇게 바꿔야 비로소 집값의 미래가 눈에 보입니다.

부동산으로 돈은 벌 수 있습니다. 단, 옥석을 잘 가려야 합니다. 아무 데나 지으면 분양이 된다거나 아무 데나 가격이 하락한 집을 사놓으면 다시 오른다는 생각으로 돈을 벌어보려는 욕망은 이제 접어야 합니다. 지금까지는 전국적으로 집값이 올랐다면, 앞으로는 인구감소 지역에서는 단언컨대 그럴 일이 없습니다.

자기 명의로 된 집 한 채는 꼭 매수하셔야 합니다. 첫째, 아무리 좋아도 '남의' 집보다는 좀 불편하더라도 '내' 집이 낫습니다. 둘째, 원치 않는 이사를 하는 상황이 옵니다. 이게 다 그 집이 내 집이 아니기 때문에 생기는 일입니다. 이래도 내 집 마련을 목표로 하지 않겠습니까? 셋째, 전세 사기로부터 자유로워지는 삶을 누리게 됩니다.

청약의 가장 큰 장점은 신축 아파트를 시세보다 저렴하게 구매할 수 있다는 것입니다. 게다가 '자금 계획과 조달'이라는 면에서 일반적 매매 방식과 비교해도 청약의 장점이 빛납니다. 또한 청약 방식으로 집을 구매한다는 것은 향후 적지 않은 시세차익을 얻을 수 있는 훌륭한 투자 상품을 소유하게 된다는 장점이 있습니다.

인구를 볼 때 부동산 가격에 영향을 미치는 인구 요소는 단순히 인구수가 아니라 '세대수' 또는 '가구수'를 봐야 합니다. 결국 인구는 줄고 있지만 세대수는 증가하고 있기에 인구 감소가 부동산 가격에 미치는 영향은 별로 크지 않다는 것입니다. 인구가 감소하는 대한민국에서 더 심각하게 봐야 할 것은 지역별로 양극화한다는 점입니다.

입지가 좋다는 말은 무슨 뜻일까요? 첫째, 학군, 상권, 환경 등 제반 요소가 잘 갖춰져 있고 직주근접, 즉 일자리와 가까운 거리이거나 빠르고 편리하게 이동할 수 있는 교통망이 있는 곳입니다. 둘째, 앞으로 새롭게 변신할 것으로 기대되는 위치에 있는 곳들입니다. 셋째, 입지를 완성하는 것은 좋은 자연환경입니다.

집값의 향방을 알아보려면 자신의 느낌이나 주변의 이야기에 의존하지 말고 다양한 지표를 참고해야 합니다. 금리추이를 봐야 하고, 환율도 들여다봐야 합니다. 한국부동산원에서 발표하는 매매수급지수도 확인해야 하고, 국토교통부에서 제공하는 미분양 통계도 봐야 하고, 국토교통부에서 제공하는 공급 물량 정보도 체크해야 합니다.

 시작하는 투자자로서 ——————————

든든한 기본기 다지기

2장에는 '본격적인' 부린이 대상의 질문과 대답 모음을 정리했습니다. 무엇인가를 모른다는 건 전혀 잘못이 아니고 하물며 죄가 아닌데, 부동산에 관한 이야기를 주고받다 보면 '이 부분은 이해를 못 하신 것 같은 표정인데, 괜찮으신 건가?'라는 느낌을 받을 때가 있습니다. 기본에 속하는 내용이라 당연히 안다고 전제하고 대화를 진행했는데 나중에 슬쩍 물어보는 분도 있습니다. 매우 부끄러워하는 표정을 지으면서요. 괜찮습니다. 어떤 분야든 누구나 처음에는 초보입니다. 저도 처음에는 주린이였고, 부린이였습니다. 저도 수많은 대화를 하며 아는 척했고, 아무도 없는 곳에서 저보다 많이 아는 지인에게 도움을 요청했습니다. 부린이라는 사실 자체는 전혀 문제가 아닙니다. 열심히 공부해서 최대한 빨리 부린이에서 탈출하는 게 중요하겠지요. 이 대목에서 소홀히 하면 안 되는 건 '기본'입니다. 기본에 속하는 개념일수록 명확히 짚고 넘어가야 합니다. 그렇기에 모르는 건 물어봐야 하고, 조금이라도 아는 사람이 알려주면 됩니다. 저도 몰랐기에 늘 궁금해했고, 알고 나면 알려주었습니다. '배워서 남 주자'가 제 신념입니다.

전용면적, 공급면적, 계약면적은 어떻게 다른가요?

제 사무실은 서울 강남구 논현동에 있는데, 인근 식당에서 점심을 먹고 나면 운동 삼아 가볍게 주변을 산책하곤 합니다. 대로를 걷기도 하고 이 골목 저 골목을 다니기도 하는데, 아무래도 제 눈에는 공인중개사 사무소들이 잘 들어옵니다. 그런 곳은 대개 전면 통유리에 지역의 매물이나 전월세 물건을 소개하는 A4 용지들이 가지런하게 붙어 있습니다.

그날도 어떤 물건들이 나와 있는지 동향도 살필 겸 보고 있는데, 어르신 한 분이 제 옆에서 나지막이 말씀하시더군요.

"제곱미터, 제곱미터… 도대체 몇 평이라는 거야?"

평이 아니라 제곱미터에 익숙해져야 합니다

24평이다, 32평이다 하면 단박에 어느 정도 크기인지 그림이 그려지는데, 59m²다, 84m²다, 105m²다 하면 크기를 가늠하기가 어렵습니다. 그렇지만 이제는 평형이라는 단위는 쓰면 안 되고, 쓰지 말아야합니다. 나라에서 법을 만들어 2007년 7월부터 그렇게 하기로 했기때문입니다.

1평이라는 크기는 성인 남성 1명이 가로로 세로로 누울 수 있는정도를 말하는데, 일본 주택의 마감재인 다다미 2개를 합친 크기가1평이라고 합니다. 일본에서 시작된 단위인 것이죠. 그러니 전 세계에서 통용되는 미터법을 부동산 분야에서도 자주 사용해서 익숙해지면 문제없습니다.

면적을 이야기할 때 많은 분이 헷갈리는 부분이 바로 공급면적과 전용면적입니다. 모델하우스를 방문하거나 분양광고를 볼 때 정신 똑바로 차리고 확인하지 않으면 나중에 큰일 날 수 있습니다. 나는 분명히 분양 신청할 때 85m² 아파트라고 해서 32평형인 줄 알았는데, 확인하러 가보니까 85m²는 계약면적이었고 실제 살아야 하는아파트 공간은 25평짜리라는 겁니다. 뒤늦게 속았다고 할 수도 없는노릇입니다. 그래서 도대체 전용면적이 뭐고, 공급면적이 뭐고, 계약면적은 뭔지 정확하게 구분할 줄 알아야 합니다.

전용면적, 주거공용면적, 기타공용면적, 타입

아파트를 구성하는 면적은 크게 전용면적, 주거공용면적, 기타공용면적, 서비스면적으로 나눌 수 있습니다. 하나씩 그 개념을 자세히 살펴보겠습니다.

'전용면적'은 가족 구성원이 생활하는 순수한 집의 크기를 가리킬 때 사용합니다. 방, 거실, 주방, 화장실 정도가 되겠지요. 베란다는 여기에 안 들어가는데, 이는 마지막 부분에 말씀드리겠습니다. 그러니 흔히 '국평(국민평형)'이라고 하는 아파트를 말할 때 전용 84m²인지 확인해야 가족이 생활하는 공간이 딱 25평 정도라는 걸 알 수 있습니다.

아파트는 여러 세대가 한 건물에 모여 생활한다는 이유로 같이 사용할 수밖에 없는 또 다른 공간이 생깁니다. 즉 전용이 아닌 공용인데, 문을 열고 나가면 나오는 계단, 엘리베이터, 복도 등이 있고, 1층으로 내려와 건물 밖으로 나가려면 현관을 이용해야 합니다. 이렇게 아파트 구성원이 공용으로 사용하는 공간이 바로 '주거공용면적'입니다. 전용면적과 주거공용면적을 합쳐 '공급면적'이라고 합니다.

그런데 시야를 넓혀 아파트단지를 보면, 단지 구성원들이 공용으로 사용하는 여러 공간이 있습니다. 관리사무소, 주차장, 점점 발전하는 다양한 커뮤니티 공간이 있습니다. 이러한 공간들을 '기타공용면적'이라 하고, 전용면적과 주거공용면적과 기타공용면적을 합쳐서 '계약면적'이라고 합니다. 주택을 매매하거나 임대할 때 계약서에 명시되는 면적이 바로 계약면적입니다.

정리하면, 저는 전용면적에서 자고 일어나 출근 준비를 한 후 문을 열고 나가 주거공용면적에 설치되어 있는 엘리베이터를 타고 내려와 기타공용면적에 주차되어 있는 차를 몰고 나와 사무실에 도착합니다.

그런데 아무래도 아직 적지 않은 분이 '평수'에 익숙하므로 건설사로서는 머리를 쓸 필요가 있습니다. 그래서 언젠가부터 '타입(Type)'이라는 표현이 등장한 것을 보고 감탄했습니다. 예를 들어 105m²(32Type)는 32평형 아파트라는 얘기입니다. 평형을 사용하지 않으면서 몇 평인지를 누구나 알 수 있습니다. 이 경우 32평형 아파트인데 계약면적은 105m²이고 전용면적은 85m²로 가족이 생활하는 공간의 크기는 25~26평쯤 되고 주거공용면적의 크기가 나머지 6평이라고 해석하면 됩니다.

그런데 오피스텔의 면적은 아파트의 면적과 다르다는 점도 반드시 알아야 합니다. 아파트는 분양 평수로 공급면적을 사용하고, 오피스텔은 계약면적을 사용합니다. 그래서 아파트와 오피스텔의 크기가 같을 때, 실제 생활하는 전용면적으로 보면 오피스텔이 더 작다는 사실을 알아두면 좋습니다. 아파트는 주거시설이라 주택법의 적용을 받지만 오피스텔은 건축법이 적용되기 때문에 이런 차이가 발생합니다.

베란다, 발코니, 테라스의 차이

앞서 베란다가 전용면적에 들어가지 않는다고 했는데, 베란다는 '서비스면적'에 들어갑니다. 요즘은 분양할 때부터 아예 옵션 사항에 베란다 확장이 들어 있어 큰 의미는 없지만, 그래도 여전히 수많은 구축아파트에는 엄연히 베란다가 있기에 좀더 정확하게 알아둘 필요가 있습니다.

가족이 생활하는 전용공간과 붙어 있는 공간으로 베란다, 발코니, 테라스가 있는데, 이 3가지를 구분할 수 있나요? 이럴 때는 먼저 『표준국어대사전』에서 검색해보면 됩니다.

- **베란다**: 집채에서 툇마루처럼 튀어나오게 해 벽 없이 지붕을 씌운 부분
- **발코니**: 건축물의 외벽에 접해 부가로 설치되는 공간. 건축물의 내부와 외부를 연결하는 완충 공간으로 전망이나 휴식 등을 목적으로 설치한다.
- **테라스**: 실내에서 직접 밖으로 나갈 수 있도록 방 앞면으로 가로나 정원에 뻗쳐 나온 것

정리하면 베란다는 아래층의 지붕이 바닥이 되는 공간이고, 발코니는 건물 밖으로 돌출된 공간이며, 테라스는 1층 바닥에 설치되는 작은 공간입니다.

제곱미터를 평의 개념으로 계산하려면 0.3을 곱하고, 평을 제곱미터로 변환하려면 3.3을 곱하면 됩니다. 84m²의 경우, 84 곱하기 0.3을 하면 25.2평임을 알 수 있습니다. 이마저도 귀찮다면 그냥 3을 곱하면 얼추 맞습니다. 80×3=240, 80보다 0.4가 더 있었으니까 24평보다 크구나 생각하면 됩니다. 숫자에 너무 스트레스 받으실 필요 없습니다.

용적률, 건폐율은
어떤 뜻이고,
왜 중요한가요?

아파트단지에 임장을 갈 때면 잠시라도 짬을 내어 놀이터를 찾곤 합니다. 구축이냐 신축이냐에 따라 놀이터마다 차이가 많이 나지만 공통점은 동심으로 돌아가게 해주는 마법의 공간이라는 겁니다.

미끄럼틀도 타보고 그네에 앉아 발을 굴러보기도 하는데, 어느 날 갔던 그 놀이터에는 초등학교 1학년이나 2학년 정도 되어 보이는 아이들이 놀고 있었습니다. 그런데 한 친구가 전학 온 지 얼마 안 되었나 봅니다. 다른 친구들이 얘기를 좀 나누는가 싶더니 대뜸 그 친구에게 이렇게 물었습니다.

"너희 집 몇 평이야?"

용적률과 건폐율로 건물 크기 가늠하기

저는 그 말을 듣고 '우리 어릴 때도 저런 얘기 자주 했는데 여전하구나' 하는 생각과 함께 혹시 그 놀이터가 있는 곳이 재건축 이슈로 몸살을 앓고 있는 구축 아파트였다면 그 친구의 질문은 이렇게 되지 않았을까 하는 상상을 해보고 피식 웃었습니다.

"너희 동 용적률이 어떻게 돼?"

그렇습니다. 용적률과 건폐율은 재개발이나 재건축이 관련되어 있을 때 더 자주 얘기하는 개념입니다. 그렇지만 현재 지어져 있는 건축물을 볼 때나 어떤 지역을 조망할 때 알고 있으면 훨씬 잘 보이게 만들어주는 꽤 괜찮은 개념입니다.

먼저 용적률은 사전에 이렇게 나옵니다. "대지 면적에 대한 건물 연면적(延面積)의 비율. 건축물에 의한 토지의 이용도를 보여주는 기준이 된다."

여기서 '연면적'은 바닥 면적의 합을 말합니다. 예를 들어 3층짜리 건물이라면 1층, 2층, 3층의 각 바닥 면적을 다 합쳐 나오는 총면적이 이 건물의 연면적입니다.

어떤 사람이 100평짜리 땅에 건물을 지으려고 합니다(이해하기 쉽게 '평'으로 설명하겠습니다). 이때 용적률이 최대 200%라고 한다면 이 땅에 어떤 형태의 건물을 지을 수 있을까요? 100(평)에 200(%)을 곱하면 200(평)이 나옵니다. 즉 몇 층으로 건물을 짓든 각 층 바닥 면적의 합이 200평만 안 넘으면 됩니다. 50평으로 4층을 올려도 되고, 40평으로 5층짜리 건물을 지어도 됩니다. 극단적으로 20층 빌딩을 지을 수도 있습니다. 20층 빌딩으로 지으려면 각 층을 10평으로 하면 되는데, 멋진 협소빌딩이 나오겠네요.

결국 용적률은 어떤 땅에 어느 정도 높이로 건물을 올릴 수 있는지를 규정하는 개념입니다. 그런데 건물은 몇 층까지 지을 수 있는지만 고려해야 하는 게 아닙니다. 건물이 서 있는 토지에서 어느 정도 '넓이'로 점유하고 있는지도 봐야 합니다. 그러고 보면 어떤 지역은 건물이나 주택들이 거리를 충분히 두고 여유 있게 서 있고, 어떤 지역은 건물과 빌딩이 빼곡하게, 저 사이에 도대체 어떻게 지었을까 감탄을 자아낼 정도로 다닥다닥 붙어 있습니다. 이 대목에서 정확하게 알아야 하는 개념이 바로 '건폐율'입니다.

건폐율은 사전에 "대지 면적에 대한 건물의 바닥 면적의 비율. 건축 밀도를 나타내는 지표의 하나로, 시가지의 토지 이용 효과를 판정하고 토지의 시설량, 인구량의 적절성을 판정하거나 도시 계획의 관점에서 건축을 규제하는 지표로 쓴다"라고 되어 있습니다. 긴 두 번째 문장은 뒤로하고, 첫 번째 문장을 잘 이해하면 됩니다. 건폐율은 토지가 있고 그 땅에 건물을 지을 때 어느 정도 넓이로 지을지를 규정하는 개념입니다.

앞에서 예로 든 100평의 땅을 보유한 건축주가 있습니다. 알아보니 그 땅에 적용되는 건폐율은 70%입니다. 이러면 이 땅에는 바닥 면적이 70평을 넘어가게 지을 수 없다는 얘기입니다. 건폐율만 놓고 보면 지으려는 건물이 몇 층까지 올라가는 건 관심 없고, 1층은 70평만 안 넘어가게 지으라는 뜻입니다.

용적률에 따라 재건축 이슈도 달라집니다

이제 용적률과 건폐율이 무엇이고 어떻게 다른지 확실히 알았습니다. 그럼 이를 현실에 적용해볼까요?

어떤 건물이든 높이와 넓이가 동시에 있으니 2가지를 다 알아야 합니다. 100평짜리 땅이 있고, 주거지역이고, 건폐율이 60%, 용적률이 200%를 적용받습니다. 1층 바닥 면적을 최대로 하면서 4층짜리 건물을 짓는다면 어떻게 올릴 수 있을까요?

이 경우에 바닥 면적은 60평으로 하고, 연면적은 200평이 나와야 합니다. 1층은 60평으로 하면 나머지 3개 층은 140평이 최대입니다. 2층 60평, 3층 60평으로 올리고, 4층은 20평으로 귀엽게 올릴 수 있습니다. 이밖에도 경우의 수는 많습니다. 2층 50평, 3층 50평, 4층 40평으로 올릴 수도 있습니다. 법에서 규정된 제한을 넘지만 않으면 됩니다.

그런데 많은 경우, 일상에서 용적률과 건폐율을 심각하게 생각해볼 기회는 별로 없습니다. 자신이 살고 있는 아파트가 오래전에 지어진 '구축' 또는 '구구축'이라 재건축 이야기가 나오기라도 해야, 즉 미래 모습을 그릴 수 있을 때에야 비로소 이 2가지 개념이 생활 안으로 들어옵니다.

오래된 아파트단지를 허물고 새 아파트단지로 만드는 걸 재건축이라 합니다. 이때 이왕이면 기존에 있던 세대수보다 더 많은 세대수가 들어올 수 있게 만드는 게 좋습니다. 기존에 살던 주민들(조합원)에게 분양하고 남는 부분은 일반분양을 하는 구조에서 수익성이 나오기 때문입니다. 그러려면 새로 짓는 아파트는 용적률을 높게 받으면 받을수록 더 많은 수익이 창출됩니다. 그래서 어떻게든 가능하다고만 하면 더 높은 용적률을 확보하고자 하는 것입니다.

최근 1기 신도시에 재건축 이슈가 불거지고 있습니다. 일산, 분당, 평촌, 산본, 중동의 주민들은 자신의 아파트단지가 재건축을 할 수 있는지, 한다면 어느 정도 수익성이 나올지 등을 고민하느라 분주합니다.

각 신도시의 평균 용적률은 일산 169%, 분당 184%, 평촌 204%, 산본 205%, 중동 226%입니다. 용적률 제한은 일산 195~210%, 분당 90~212%, 평촌 160~200%, 산본 200~230%, 중동 210~220%입니다. 신도시들마다 용적률을 상향하려고 각고의 노력을 하고 있지만, 현재 수치만 놓고 보면 용적률이 200% 아래인 일산과 분당을 제외하고는 수익성을 기대하기가 쉽지 않습니다.

용적률과 건폐율은 단지 숫자와 수익으로만 판단할 것은 아닙니다. 2가지 숫자의 크기가 올라갈수록 수익이라는 이름의 숫자도 올라갈지는 모르겠지만 그만큼 우리 삶의 질도 비례해서 올라간다고 확신할 수 있을지 먼저 고민해봐야 합니다. 용적률과 건폐율이 높은 토지일수록 가치가 높은 것은 맞지만, 재건축 이후 30년, 40년이 흘렀을 때는 또 어떤 재건축 이슈를 마주할지 다 같이 머리 맞대보면 어떨까 합니다.

다가구주택과 다세대주택은 어떻게 다른가요?

아는 분의 부인이 얼마 전에 '소공'이 되었습니다. 소공은 공인중개사 자격증을 따고서 대표가 아니라 소속되어 일하는 공인중개사, 즉 '소속공인중개사'를 뜻합니다. 소공을 고용하는 대표는 개업공인중개사라고 해서 '개공'이라고 합니다.

소공이 된 분께 축하한다고, 빨리 일 배워서 개공이 되면 축하 화분 들고 가겠다면서 실제 필드에서 일하니까 어떠냐고 물었습니다. "아직 초보니까 어려운 것투성인데 관리하는 지역이 주택의 종류가 하도 많아서 그거 구별하고 외우는 것이 제일 힘들다. 이제 겨우 눈에 좀 들어온다"라고 했습니다.

단독주택과 공동주택, 다가구주택과 다중주택

부동산을 공부하려면 먼저 부동산의 종류부터 알아야 합니다. 아무래도 부동산 초보자들이 자주 부딪치게 될 부동산부터 알아가는 게 좋은데, 그러려면 주거용 부동산인 주택의 종류부터 확실하게 구별하는 것이 중요합니다. 상업용 부동산에 들어가는 상가나 오피스텔, 빌딩 등과 부동산의 기본인 토지는 초보 단계에서 벗어난 다음에 공부해도 늦지 않습니다.

주택은 크게 '단독주택'과 '공동주택', 이렇게 2가지로 나눌 수 있습니다. 단독주택은 한 사람이 소유하고 있고, 한 가족이 거주하는 형태입니다. 이해하기 쉽게 마당이 있는 전원주택을 떠올리면 바로 느낌이 옵니다. 공동주택은 아파트를 떠올리면 됩니다. 단독주택을 한 사람이 소유하고 있다면, 아파트는 동 하나만 봐도 여러 가족이 각각 독립적으로 구분되어 있고, 소유자도 각각의 집주인이 있습니다.

그런데 겉으로는 도저히 단독주택이라고 보이지 않는 형태인데 단독주택으로 규정되는 집들이 있습니다. 그 집들이 바로 '다가구주택'과 '다중주택'입니다.

다가구주택은 말 그대로 한 가족이 아닌 여러 가족이 거주합니다. 대학가 주변에 많은 원룸 건물이나 하숙집을 떠올리면 됩니다. 건물이 크다고 해도 엄연히 한 사람이 소유하기 때문에 단독주택으로 들어갑니다.

그렇다면 다중주택은 어떤 집을 말할까요? 셰어하우스를 떠올리면 이해하기 쉽습니다. 넷플릭스에서 방영한 드라마 〈이두나!〉를 보았다면 아하! 할 겁니다. 배우 수지와 양세종이 살던 바로 그런 집이 셰어하우스입니다. 각자 거주하는 방들이 있고, 공동으로 사용하는 주방이 한 개 있습니다. 주택에 따라 각자의 방에 화장실은 있을 수 있지만, 주방은 한 군데 설치되어 있어서 공동으로 사용해야 합니다. 드라마에 나오지는 않았지만, 그 집의 주인도 한 사람이었을 겁니다. 그래서 다중주택도 단독주택 카테고리에 들어갑니다.

아파트, 다세대주택, 연립주택

공동주택에는 크게 '아파트' '다세대주택' '연립주택', 이렇게 3가지 종류가 있습니다. 공동주택의 대표주자는 단연 아파트입니다. 2020년 기준 대한민국에 있는 전체 주택 1,852만 6,000호 중 무려 62.95%를 차지할 정도로 우리나라에는 아파트가 많습니다.

앞서 설명했듯이 아파트는 하나의 건물(동)을 한 사람이 소유하지 않습니다. 101호, 102호… 1501호, 1502호 등 각각 집들의 소유주가 다 다릅니다. 그런데 아파트를 왜 공동주택이라고 할까요? 각기 독립적으로 생활하지만 한 건물에 모여 살고 엘리베이터, 계단, 현관은 물론이고 주차장도 함께 사용하기 때문입니다.

공동주택의 두 번째 주자와 세 번째 주자로 다세대주택과 연립주택이 있습니다. 우리가 흔히 '빌라'라고 하는 집입니다. 다세대주택과 연립주택에는 공통점이 있는데, 주거용으로 사용하는 층수가 4개 층 이하여야 합니다. 즉 주택 용도로 사용하는 층이 5개 층을 넘어가면 안 됩니다.

그렇다면 다세대주택과 연립주택은 어떻게 다를까요? 바로 '크기'가 다릅니다. 정확하게는 주택으로 사용하는 용도의 크기를 말하는데, 660m²(약 200평)보다 작으면 다세대주택으로 분류하고, 크면 연립주택이라 칭합니다. 다세대주택보다 연립주택이 글자 수는 한 자 적지만 규모는 더 큽니다.

이 지점에서 궁금한 점이 있어야 합니다. 아파트와 다세대주택과 연립주택을 구별 짓는 포인트는 무엇일까요? 바로 층수입니다. 주택으로 사용하는 층수가 5개를 기준으로, 5개 이상이면 아파트이고, 5개 층 미만이면 다세대주택이나 연립주택입니다.

이제까지 설명한 내용을 정리하면, 주택은 단독주택과 공동주택으로 나누는데, 소유주가 한 사람이면 단독주택, 여러 사람이면 공동주택입니다. 다가구주택은 단독주택이고 다세대주택은 공동주택인데, 다가구주택은 한 사람이 소유하고 다세대주택은 소유주가 각각 다릅니다.

주택 구분을 모두 이해했다고 생각하고 거리로 나섰는데, 벌써 헷갈립니다. 아무리 세어봐도 5층짜리 빌라가 여기도 있고 저기도 보입니다. 불법건축물 같지만 한두 개도 아니고 수없이 당당하게 서 있습니다. 그 이유는, 먼저 지하는 층수에 포함하지 않기 때문입니다. 또한 5층짜리 빌라 1층은 대부분 상가로 되어 있는데, 상가는 근린생활시설이라고 해서 층수에서 제외되기 때문입니다. 이런 이유들로 해서 5층짜리 빌라도 가능합니다.

재건축과 재개발은
어떻게
다른가요?

제가 일하는 사무실은 6층에 있는데, 지대가 꽤 높은 곳에 지어진 건물이다 보니 베란다에만 나가도 다양한 풍경을 볼 수 있습니다. 그중 하루가 다르게 변해가는 풍경이 있는데, 바로 한창 지어지고 있는 한 아파트단지입니다. 며칠 만에 베란다에 나가게 되면 깜짝 놀라곤 합니다. 아파트 높이가 몰라보게 높아졌기 때문입니다.

이런 풍경은 밖으로 나가 차를 타고 이동하다 보면 서울 곳곳에서 만날 수 있습니다. 참 많은 곳에서 아파트들이 지어지고 있습니다. 서울은 아파트를 새로 지어 대규모로 공급할 수 있는 땅이 거의 남아 있지 않은 것으로 알고 있는데 말입니다.

재건축과 재개발에 대해 정확히 알아야 합니다

그렇다면 여기서도 저기서도 꽤 큰 규모로 아파트가 지어지는 것은 무슨 영문일까요? 정답은 '새 건축' '새 개발'이 아니라 '재건축' '재개발'입니다. 뉴스를 보면 어디가 재건축에 들어가네, 어떤 건설사가 재건축 공사 수주를 받았네, 어디는 재건축 얘기가 나온 지 20년도 넘었는데 아직도 못 들어가고 있네, 어떤 지역은 재건축에 들어가나 싶었는데 추가분담금이 어마어마하게 나와 중단될 위기에 처했네 등 참 말도 많고 탈도 많아 보입니다. 그래서 더욱 부동산 초보자들은 재건축이 무엇이고 재개발이 무엇인지, 재건축과 재개발은 어떻게 다른지 반드시 알아야 합니다.

사실 단어 자체는 어렵지 않습니다. 재건축은 다시 건축하는 것, 재개발은 다시 개발하는 것입니다. 무엇을 다시 하는지가 다른데, 재건축은 기존에 있던 '아파트'를 허물고 그 자리에 새 아파트를 짓는 것이고, 재개발은 기존에 있던 '마을'을 완전히 갈아엎은 다음 새 마을을 만드는 것입니다.

'마을'이라고 하니 무슨 시골 마을을 바꾼다는 건가 할 수도 있지만 '뉴타운'을 떠올리면 쉽게 이해됩니다. 예를 들어 서울 은평구에 조성된 '은평 뉴타운'은 원래 그 자리에 다양한 유형의 주택과 상가들이 있었는데, 땅 위의 건물과 땅 아래의 상하수도, 통신선은 물론 좁은 골목 등 그야말로 모든 걸 허물고 대규모 아파트단지와 단독주택, 상가, 공공시설과 도로를 정비해 새롭게 조성한 것입니다.

재건축의 경우, 강남고속버스터미널 사거리 뉴코아백화점 대각선 맞은편에 한눈에 봐도 오래됐다 싶은 5층짜리 아파트들이 가득 있었는데, 이곳이 2009년 30~40층의 고층 아파트들이 위풍당당하게 자리한 반포자이아파트가 되었습니다. 이렇게 오래된 아파트를 허물고 새 아파트단지로 변신시키는 것이 바로 재건축입니다.

즉 재건축은 오래된 아파트를 허물고 신축 아파트를 짓는 사업이고, 재개발은 일정 구역 내의 단독주택 등을 허물고 뉴타운을 조성하는 사업입니다.

재건축과 재개발의 가장 큰 차이

재건축과 재개발은 모두 「도시 및 주거환경정비법」(이하 '도시정비법') 에 따른 사업입니다. 하지만 재건축과 재개발은 몇 가지 면에서 차이가 있습니다.

첫째, 사업을 추진하는 사람들을 조합원이라고 하는데, 이 자격 조건이 다릅니다. 재건축은 건물과 토지를 동시에 소유한 사람만 조합원이 될 수 있지만, 재개발은 건물이나 토지 중 하나만 소유한 사람도 조합원이 될 수 있습니다.

둘째, 재건축은 건물이 다시 지어야 할 정도로 안전에 심각한 문제가 있음을 증명하는 안전진단을 반드시 받아야 하지만, 재개발은 안전진단을 실시하지 않습니다.

그렇다면 재건축과 재개발을 하는 과정은 어떻게 될까요? 크기와 범위가 다르고 재개발은 안전진단을 하지 않는다는 점만 빼면 재건축 사업 과정과 재개발 사업 과정은 다르지 않기에 재건축 과정으로 설명하겠습니다.

먼저 기본계획을 수립하고, 안전진단을 통과하면, 정비구역으로 지정됩니다. 조합 설립을 추진하고 인가를 받은 뒤 사업시행인가를 거친 다음 관리처분인가 단계에 이릅니다. 거주하던 주민들이 이주하면 철거하고 착공에 들어가며, 일반분양 승인을 해서 준공인가가 나면 이전고시와 조합 해산을 하고 마지막으로 조합이 청산됩니다. 조합원은 물론 일반분양을 받은 사람들도 하나둘 입주하면 재건축이 완성됩니다. 이 과정을 조금 더 상세하게 설명하겠습니다.

쉽지 않지만 재건축과 재개발은 계속해야 합니다

재건축의 첫 번째 문턱은 '정비구역 지정'과 '정비계획 수립'입니다. 시장(또는 군수)이 정비기본계획을 기반으로 '지금부터 이 구역은 재건축이 진행될 예정입니다'라고 공표하는 것이 정비구역 지정입니다. 물론 정비구역으로 지정된다는 것은 아파트가 새로 짓지 않으면 위험할 정도로 노후화했음을 증명하는 안전진단이 통과되었음을 뜻합니다.

두 번째 문턱은 '조합 설립'입니다. 앞으로 지난한 과정 속에서 막대한 자금을 집행하는 일을 추진하는 담당자들을 선출해야 하기에 재건축 조합의 경우 아파트 각 동 소유자의 과반수 동의 및 전체 소유자 3/4 이상의 동의를 받아야 조합설립 인가를 받을 수 있습니다. 조합의 갈등에 관한 뉴스를 자주 볼 수 있을 만큼 만만치 않은 과정입니다.

세 번째 문턱에는 '사업시행인가'와 '관리처분인가'라는 높은 관문이 있습니다. 사업시행인가 단계는 재건축을 위한 설계도면을 그리는 과정이라고 할 수 있습니다. 조합은 아파트를 어떻게 지을지 시공사, 설계사 등의 업체를 선정하고 사업시행계획을 수립한 뒤 시장(또는 군수)의 인가를 받아야 합니다.

사업시행인가가 나면 이제 어쩌면 가장 큰 고비이자 9부 능선이라 할 관리처분인가 단계에 접어듭니다. 분양 가격은 어떻게 할지, 그에 따라 조합원들에게 돌아가는 추가분담금 액수는 얼마로 할지 등을 결정하는 단계입니다. 현재의 노후화한 아파트를 관리하고 분양해 처분하는 계획이기에 관리처분계획과 인가인 것입니다.

네 번째 문턱은 재건축 사업의 마지막 단계로 주민들을 다른 곳으로 이주시키고 아파트를 철거한 다음 새 아파트를 짓는 것입니다. 준공되면 '준공인가'를 받고, 조합원들이 분양받을 부분에 대해 소유권

보존등기를 하는 '이전고시'까지 완료하면 비로소 재건축 사업이 끝납니다. 조합은 '해산 및 청산'이라는 과정을 잘 마무리하면 됩니다.

재건축이 정말 쉬운 과정이 아니라는 것을 증명하듯 마지막 단계에서도 지연되거나 중단되는 사례가 계속 나오고 있습니다. 역시 돈이 문제가 됩니다. 공사비를 인상해야 하니 조합원들이 내야 하는 추가분담금이 그야말로 팍팍 올라갑니다. '억' 소리 나는 구역이 한두 곳이 아닙니다. 이미 이주를 다 했고 아파트는 다 철거되었는데 공사가 중단된 현장도 있습니다. 그래서 오히려 재건축의 희소성이 떨어지는 일이 발생할 정도입니다.

몇 년 전만 해도 재건축과 재개발에 투자하는 것은 '황금알을 낳는 거위'였습니다. 하지만 앞으로도 계속 그런 지위를 차지할지에 대해서는 전문가들 사이에서도 논란이 적지 않습니다. 재건축과 재개발이 여전히 이익을 가져다주는 투자 상품인지는 다른 기회에 다루겠습니다.

등기부등본이 뭐고
어떻게
봐야 하나요?

개구리 올챙이 적 생각 못 한다는 말이 있는데, 제게 이런 질문을 하는 이들이 꽤 있습니다. "등기부등본이 뭔가요?" "부동산에서 등기부등본을 보여주면서 설명하는데 무슨 말인지 거의 모르겠더라고요."

그때마다 저는 속으로 좀 놀랍니다. '아니, 이것도 모르시나?' 하지만 저는 이내 제 부족함을 깨닫고 자책합니다. '맞아, 나도 저런 때가 있었잖아.'

그렇습니다. 누구든 어떤 분야를 알려고 하면 처음에는 모두 올챙이입니다. 열심히 공부해서 올챙이에서 벗어나면 되지요. 이번에는 등기부등본, 등기부에 대해 알아봅니다.

등기부는 부동산의 권리관계를 확인하는 공적 자료

우리가 살아가면서 등기부라는 문서를 보는 것은 언제일까요? 〈그것이 알고 싶다〉나 〈PD수첩〉 같은 텔레비전 시사 프로그램에서 어떤 건물의 등기부를 보며 소유자가 어떻고 근저당이 얼마 잡혀 있다고 설명하는 장면이 나올 때가 있습니다. 그런데 우리 생활과 직접 연결되어 등기부를 눈앞에서 보게 되는 때는 부동산을 거래할 때, 즉 월세나 전세를 계약할 때 또는 매매를 할 때 등입니다.

쇼핑몰에서 몇만 원에서 십수만 원짜리 물품을 사려고 할 때 우리는 여기저기 손품을 팔아가며 가격을 신중히 비교하고, 해당 물건의 상세 페이지를 꼼꼼하게 읽어본 후 구매를 결정합니다. 그러면 아무리 적어도 수천만 원에서 수억 원에 달하는 어마어마한 금액이 들어가는 부동산을 거래할 때는 확인하고 확인하고 또 확인해야 하겠죠. 그러자면 내가 세입자로 들어가 살 집이 어떤 상태인지, 내가 큰돈을 주고 구매할 아파트가 어떤 문제는 없는지 알아봐야 하는 건 필수입니다. 그때 보게 되는 문서가 바로 등기부(登記簿)인데, 정확한 명칭은 '등기사항전부증명서'입니다.

국어사전에서 '등기부'를 검색하면 다음과 같이 나옵니다. "부동산이나 동산·채권 등의 담보 따위에 관한 권리관계를 적어두는 공적 장부." 사전에는 이렇게 간략하게 나오지만, 부동산에서 얘기하는 등기부에는 더 많은 내용이 기록되어 있으므로 각각의 내용을 제대로 알아야 합니다. 그렇지 않으면 자칫 부동산 거래에서 손해를 볼 수 있습니다.

등기부에는 어떤 사항들이 기록되어 있을까요? 먼저 누가 해당 부동산을 소유하고 있는지 나옵니다. 누군가 해당 부동산을 담보로 잡고 돈을 얼마 빌렸는지가 적혀 있습니다. 갚았으면 갚았다고도 표시되어 있습니다. 또한 해당 부동산의 면적이 나오고, 아파트라면 해당하는 아파트단지 전체 토지의 면적과 소유자가 보유하고 있는 토지의 지분까지 적시되어 있습니다.

결국 등기부는 사람으로 치면 이력서라고 할 수 있습니다. 그렇기에 등기부 내용을 읽고 이해할 수 있으면 해당 부동산에 관한 중요한 사항들은 거의 파악할 수 있습니다('거의'라고 한 것은 등기부에 나오지 않는 정보들도 있기 때문입니다). 등기부는 현재 대한민국에서 부동산의 권리관계 등을 확인할 수 있는 유일한 공적 자료입니다.

등기부에 대해 제대로 알기

등기부는 구체적으로 어떻게 구성되어 있고, 각각 어떤 내용이 들어 있는지 알아보겠습니다. 등기부는 크게 표제부, 갑구, 을구, 이렇게 세 부분으로 구성되어 있습니다.

표제부는 등기부의 '제목'이라고 할 수 있습니다. 계약서상 부동산의 주소, 형태, 건축 재료와 크기, 대지지분이 표시되어 있습니다. 부동산의 형태는 아파트나 빌라처럼 여럿이 모여 있는 '집합건물'인지 표시되어 있습니다. '대지지분'은 아파트 같은 공동주택에서 아파트가 점유하고 있는 전체 대지 면적에서 해당 부동산(○○동 ○○○호)이 차지하는 대지의 면적을 뜻합니다. 해당 부지의 용도를 나타내는 '지목'도 표시되어 있습니다. 일반적으로 아파트나 빌라는 '대'라고 되어 있습니다. '대'는 대지를 뜻하는데 건물을 지을 수 있는 토지라는 뜻입니다.

대한민국은 토지와 건물을 별도 부동산으로 규정하고 있습니다. 그렇기에 토지등기부와 건물등기부가 별도로 존재합니다. 건물등기부는 일반건물등기부와 집합건물등기부, 이렇게 두 종류입니다. 일반건물등기부는 단독주택, 다중주택, 다가구주택 등의 등기부인데, 토지와 건물의 소유자가 한 명입니다.

이에 비해 집합건물은 아파트나 다세대주택(빌라), 오피스텔을 말하며 호마다 소유자가 다릅니다. 하나의 토지 위에 건물이 세워지고 각 호의 소유자가 다 다르기에 부동산 관리에 문제가 생길 수 있습니다. 그래서 나온 개념이 대지권입니다. 예를 들어 15층짜리 아파트에서 1503호를 구입하면 해당 호에 붙어 있는 토지의 지분이 따라오는 것입니다. 그래서 집합건물의 등기부는 표제부가 둘로 나뉘어 있습니다. 첫 번째 표제부에는 1층에서 15층까지의 모든 사실관계가 표시되어 있고, 두 번째 표제부에는 해당 호에 대한 건물 및 대지사용권이 표시되어 있습니다.

갑구에는 소유주에 대한 사항이 정리되어 있습니다. 해당 부동산을 누가 소유하고 있는지가 나오는데, 소유주가 A에서 B로 갔다가 다시 C로 넘어가고 하는 모든 과정이 차례대로 표시되어 있습니다. 가장 아래 칸에 표시되는 사람이 현재 소유주입니다. 등기부를 열람하고자 할 때 '말소사항 포함'으로 하면 그동안 소유자의 이력이 전부 표시됩니다. 2006년 이후부터는 갑구 항목에 거래가액도 표시됩니다. 얼마에 거래되었는지 내역이 나온다는 얘기입니다.

'등기목적'은 등기사항이 변경되는 경우 그 사유를 나타내는 항목입니다. 소유권이 이전된다거나 주소가 변경되면 표시됩니다. '접수'는 등기 변경을 신청한 날짜입니다. '등기원인'은 소유자가 변경되는 원인을 표시하는 항목입니다. 매매나 상속 등의 원인이 있습니다. '권리자 및 기타사항'에 소유자 이름, 주민등록번호, 주소가 표시됩니다.

이제 을구입니다. 등기부를 볼 때 가장 유념해서 들여다봐야 하는 항목입니다. '소유권 이외의 권리에 관한 사항'이라고 적혀 있는 데서 알 수 있듯이, 해당 부동산이 대출이 있는지, 누가 누구에게 대출받았는지, 대출 금액은 얼마인지, 갚았는지 아직 있는지 등이 적혀 있습니다. 부동산마다 을구의 내용은 천차만별이니 꼼꼼하게 체크하면 되는데, 독해력이 전혀 없는 상태에서 공인중개사의 설명을 듣는 것보다는 알고 있는 상태에서 질문을 하는 것이 훨씬 낫습니다.

그래도 이 정도는 미리 알아두면 좋겠다 싶은 용어로 2가지가 있습니다. 을구에 '채권최고액'이라는 말이 적혀 있으면 해당 부동산으로 대출을 받았다는 뜻이고, 해당 금액은 실제 대출받은 금액보다 20~30% 높게 적어둔 것입니다. 은행에서는 매월 원금과 이자를 갚을 때마다 등기부에 적기가 번거롭기 때문에 상향으로 표기했다는 것만 알면 됩니다. 이렇게 채권최고액을 서류에 기록하는 것이 바로 '근저당권'을 설정했다는 뜻입니다. 또한 '신탁등기'라는 말이 보일 수도 있습니다. 대출을 받았다는 건 마찬가지인데 신탁등기는 해당 부동산의 소유주가 신탁회사라는 의미이니 잘 체크하고 넘어가야 합니다.

2023년에 대한민국을 떠들썩하게 했고, 2024년 6월 현재까지도 수많은 피해자가 고통받고 있는 전세사기 사건을 보며 우리가 살아가면서 겪을 수 있는 부동산 관련 문제를 이제는 공교육에서 가르쳐야 한다는 생각이 들었습니다. 국가가 나서서 중고등학교 교과과정에 부동산 거래에서 흔히 볼 수 있는 전세·월세·반전세 계약 방법, 등기부 보는 방법, 확정일자 받는 방법은 물론 이 과정에서 주의해야 할 사항 등을 가르쳐야 합니다.

공시지가, 공시가격,
실거래가, 호가는
어떻게 다르죠?

부동산이 어렵다고 하는 여러 이유 중 하나는 비슷한 용어가 많아 헷갈리기 때문입니다. 이를테면 주택이나 건물의 가격을 얘기할 때 쓰이는 용어들에 호가, 실거래가, 시세, 공시지가, 공시가격 등이 있는데, 부동산 뉴스에서 앵커가 아래와 같은 멘트를 한다면 단박에 100% 이해하는 이들이 과연 얼마나 있을까요?

"최근 아파트의 실거래가가 실종된 가운데 호가만 올라가서 공시가격을 현실화해야 한다는 의견이 많아졌습니다. 공시지가도 표준지 공시지가와 개별 공시지가를 표준 단독주택 공시가격과 개별 단독주택 공시가격의 산정 기준처럼 완화해야 한다는 요구가 빗발치고 있는 가운데 기준시가와 시가표준액도 조정해야 한다는 의견이 감정평가액을 산정하던 한 감정평가사에게서 나온 것으로 알려져 충격을 주고 있습니다."

부동산 가격에 붙는 이름이 다른 이유

부동산 가격 관련 용어가 왜 이렇게 다양한지는 나름대로 이유가 있습니다. 과자나 자동차만 해도 정가라는 게 있습니다. 매장마다 각기 다른 할인율을 적용할 수는 있지만 시장가치가 명확해서 세금을 계산하는 것도 어렵지 않게 할 수 있습니다. 그런데 부동산은 사정이 다릅니다. 거래가 자주 이루어지지 않아서 어떤 주택이나 아파트의 각 호는 몇 년 동안 거래가 없습니다. 같은 아파트단지인데도 A동과 F동의 가격이 다릅니다. 같은 동에 있다고 해도 층에 따라, 배치에 따라, 인테리어 수준 등에 따라 가격이 차이가 납니다. 주택에는 정가가 따로 정해져 있지 않아서 시장가치가 어느 정도 가격인지 정확하게 파악하는 것 자체가 어렵습니다. 이러다 보니 가격을 의미하는 용어들이 나뉘기 시작했습니다. 공인중개사 사무소를 방문하면 이런 대화를 나누지 않을까 생각합니다.

"요새 저기 있는 A아파트 25평은 얼마 정도 해요?"

"마침 엊그제 매물이 하나 나온 게 있는데 4억 정도 되네요."

"호가가 4억이라는 얘기네요. 최근 실거래가는 어떻게 되죠?"

"실거래가는 두 달 전에 나온 게 3억 7,000이네요. 공시가격은 한 2억 정도 가고요."

"요즘 시세가 그렇군요. 잘 알겠습니다."

이 대화에서 나온 가격 용어들을 하나씩 알아보겠습니다.

복잡하지만 알아야 하는 부동산 가격 용어

먼저 '호가'라는 말을 했습니다. 주식시장에서도 같은 용어를 사용합니다. 말 그대로 부르는 값입니다. 팔려는 주택의 가격을 집주인이 매긴 것이죠. 누구든 조금이라도 비싸게 팔고 싶은 게 당연할 테니 집주인이 부른 호가는 대개 실제 거래되는 가격보다 조금 높은 편입니다.

다음은 '실거래가'입니다. 용어 그대로 실제 거래된 가격입니다. 이것이 해당 주택의 '시세'라고 할 수 있지만 무턱대고 믿어서는 안 됩니다. 갑자기 싼 가격으로 거래되었는데 알고 보니 가족이나 지인 간 거래일 수도 있기 때문입니다. 시세의 더 정확한 뜻은 최근에 거래된 부동산 가격의 수준입니다. 수요와 공급에 따라 결정되는 부동산 가격이지요. 은행에서 대출해줄 때는 대개 'KB시세'를 기준으로 합니다.

'공시가격'도 얘기하는데, 실거래가가 엄연히 존재하는데 공시가격은 무엇일까요? 부동산에 매겨지는 세금은 크게 매수할 때 취득세, 가지고 있을 때 재산세 또는 종합부동산세, 매도할 때 양도소득세, 이렇게 3가지입니다. 집을 사거나 팔 때는 실거래가가 나오니까 세금을 부과하는 데 문제가 없지만 사지도 팔지도 않고 보유하고 있을 때가 문제입니다. 세금은 부과해야 하니 보유하고 있는 해당 부동산의 가격을 파악해야 하는데, 이때 공시가격, 즉 정부가 산정하는 가격이 필요합니다.

그런데 공시가격은 한 종류만 있을까요? 부동산은 크게 토지와 건물로 나뉘어 정부가 산정하는 공시가격에는 공시지가, 주택공시가격, 기준시가, 시가표준액 등이 있습니다.

'공시지가'는 토지에 대해 정부가 산정하는 가격을 말합니다. 토지에 대해서만 계산하므로 그 위에 있는 건축물의 가치에는 관심을 두지 않습니다. 공시지가는 보통 실거래가의 60~70% 선에서 정해진다고 보면 됩니다.

공시지가는 '표준지 공시지가'와 '개별 공시지가', 이렇게 2가지 유형으로 나뉩니다. 표준지 공시지가는 매년 1월 1일을 기준으로 국토교통부에서 전국의 약 3,000만 필지의 토지 중 대표성이 있는 약 50만 필지에 대해 산정한 가격입니다. 국토교통부에서 전국에 있는 모든 토지를 조사할 수 없으니 표준지로 선정한 토지의 지가만 공시하는 것입니다.

국토교통부에서 표준지 공시지가를 산정해놓으면, 전국의 각 지자체인 시·군·구에서 이를 기준으로 관내 토지의 가치를 용도, 도로 요건, 교통 조건 등으로 세분해 감정평가 과정을 거쳐 고시하는 가격이 개별 공시지가입니다. 보통 공시지가라고 지칭할 때는 개별 공시지가를 뜻합니다. 각 토지에 대한 세금을 부과하거나 토지가 수용될 경우 보상금을 산정할 때 기준이 되는 가격입니다.

토지에 대한 가격을 이렇게 산정하면 건물은 어떻게 산정해서 세금을 부과할까요? 여기에는 주택공시가격, 기준시가, 시가표준액이 있습니다. 앞에서 얘기한 공시가격이 바로 주택공시가격을 말합니다. 주택에 부과되는 재산세, 종합부동산세는 물론 건강보험료를 산정하는 바탕이 되는 가격이므로 실생활과 밀접하게 관련되어 있으며, 뉴스에 자주 등장하는 용어이기도 합니다.

'공시가격'은 국토교통부 장관이 해마다 공시하는데, 주택의 종류에 따라 3가지로 분류합니다. 아파트, 연립주택 같은 공동주택의 가격을 국토교통부에서 공시하는 것이 '공동주택 공시가격'입니다. 단독주택, 다가구주택, 다중주택 등 단독주택은 공시지가와 마찬가지로 '표준 단독주택 공시가격'과 '개별 단독주택 공시가격'으로 나눕니다. 전국에서 대표성 있는 20여 만 개 표준주택에 대해 국토교통부에서 책정한 적정 가격이 표준 단독주택 공시가격이고, 이를 기준으로 지자체가 각 지역의 개별 단독주택에 대해 산정해 공시한 가격이 개별 단독주택 공시가격입니다.

그럼 '기준시가'는 무엇일까요? 오피스텔이나 상업용 건축물처럼 공시가격이 없는 건축물에 대해 국세청이 과세 기준으로 활용하고자 산정하는 가격입니다. 또한 상속이나 증여를 받아 해당 부동산의 정확한 실거래가를 확인하기 힘든 경우에도 국세청은 기준시가를 기준으로 상속세나 증여세를 산정·부과합니다. 이는 대개 실거래가의 약 80% 수준에서 정해집니다.

'시가표준액'은 지자체에서 관내에 있는 건물들에 대해 고시하는 가격입니다. 취득세, 등록세, 종합토지세 등 지방세를 부과하는 기준으로 사용합니다.

이밖에 '감정평가액'이라는 용어도 자주 쓰는 편입니다. KB시세가 없는 부동산의 가격을 파악하려면 감정평가사라는 전문가의 도움을 받아야 합니다. 은행의 의뢰를 받은 감정평가사는 해당 부동산의 가치를 감정해 가격을 결정하는데, 이를 감정평가액이라고 합니다.

어떻습니까? 용어가 참 많고 꽤 복잡하지요? 공인중개사 시험 보실 분이 아니라면 외우실 필요는 없습니다. 이 용어는 이러한 과정을 설명하는 거라는 이해만 하면 충분합니다. 앞에서 제가 시험 삼아 제시한 앵커의 뉴스 멘트, 일부러 과장하긴 했는데요, 좀 더 확실하게 다가오지 않나요?

부동산 계약을 했는데
파기해도
되나요?

저는 요즘 만나는 사람들에게 책을 읽든 유튜브 영상을 보든 임장을 가든 부동산 공부를 해보라고 자주 얘기합니다. 특히 지금까지 부동산에 이렇다 할 관심을 보이지 않은 이들에게는 꼭 얘기합니다.

평생 방송작가로만 살고 있는 한 지인은 제 얘기를 듣고 부동산 관련 책을 한 권, 두 권 보더니 얼마 전 사무실에 놀러와서 이렇게 말했습니다.

"형, 내가 이걸 왜 더 일찍 들여다보지 못했는지 정말 후회가 돼."

며칠 후 또 나타나더니 이렇게 말하더군요.

"형, 나 올해 10월의 마지막 토요일에는 〈잊혀진 계절〉을 듣는 게 아니라 공인중개사 시험을 보기로 결심했어."

공인중개사 시험이 몇 달 공부해서 단박에 합격할 수 있는 시험이 아니라고, 내년을 목표로 하라면서 이렇게 말했습니다.

"김 작가, 내가 낭신을 오래 봐왔는데, 지금 그 결정이 가장 잘한 선택 같아."

계약금 원액을 돌려받는 방법이 있다?

제가 만나는 사람마다 부동산 공부를 하라고 권하는 이유는 여러 가지인데, 그중 한 가지만 말씀드리면 사람이 매사에 진지해지게 만드는 효과가 있기 때문입니다. 우리 삶은 선택의 연속인데, 부동산을 알고 나면 어떤 선택이나 결정을 할 때 신중해집니다. 결정하기 전에 한 번 더 생각해봅니다. 한 번 계약하면 돌이킬 수 없기 때문입니다.

물론 때에 따라서 돌이킬 수는 있습니다. 다만 그 과정에서 상처를 입는 것은 감수해야 합니다.

이런 질문을 하는 이들이 어디를 가든 꼭 있습니다.

"계약금을 보냈는데, 파기하면 돌려받을 수 있나요?"

여러분이 주택을 구매하는 매수인이 되거나 주택을 파는 매도인이 되거나 돈거래는 대개 계약금, 중도금, 잔금의 순서로 진행됩니다. 전세나 월세를 거래하는 임대인과 임차인 사이에서도 마찬가지입니다. 문제는 물건이 마음에 들어 계약금을 보냈는데 이런저런 이유로 계약을 취소하고 싶은 상황이 되었을 경우입니다.

어떤 분은 '계약금을 보내고 24시간 안에만 해약하면 하루가 지나지 않았으므로 계약금을 돌려받을 수 있도록 법으로 보호하고 있다'며 매우 구체적인 전개로 구성된 말을 합니다. 결론부터 말씀드리면, 법은 전혀 그렇지 않습니다. 「민법」 제565조 '해약금'에는 '매매의 당사자 일방이 계약 당시에 금전 기타 물건을 계약금, 보증금 등의 명목으로 상대방에게 교부한 때에는 당사자 간에 다른 약정이 없는 한 당사자의 일방이 이행에 착수할 때까지 교부자는 이를 포기하고 수령자는 그 배액을 상환해 매매계약을 해제할 수 있다'라고 규정되어 있습니다. 이해하기가 조금 어렵죠?

계약 파기시 매도인과 매수인이 다른 점

첫 번째, 내가 집을 사고자 하는 매수인의 상황입니다. 매도인이 내놓은 집을 보고 마음에 들어 계약금을 보냈습니다. 계약금은 보통 매매대금의 10% 정도입니다. 그런데 며칠도 안 지났는데 집값이 하락한다는 소식을 들었습니다. 허겁지겁 뉴스도 보고 부동산 앱을 들어가 계약한 동네의 시세를 보니 집값이 계속 내려가고 있습니다.

방법은 없습니다. 매수인은 선택해야 합니다. 집값은 내려가지만 눈물을 머금고 내 집 마련을 할 것이냐, 과감히 계약을 파기하느냐입니다. 아직 계약금만 보냈으므로 계약은 얼마든지 파기할 수 있습니다. 다만 매도인에게 보낸 계약금은 포기해야 합니다.

두 번째, 내가 집을 팔려고 하는 매도인입니다. 어떤 매수인이 집이 마음에 들고 가격도 좋다며 계약 의사를 밝히더니 매매대금의 10%를 계약금으로 보내왔습니다. 그런데 우리 동네에 갑자기 지하철역이 들어온다는 호재가 발표되더니 옆집, 뒷집, 건넛집 호가가 마구 치솟기 시작합니다. '나, 돌아갈래!' 영화 〈박하사탕〉의 주인공이 된 것 같은 느낌이 들기 시작합니다. '그래, 결심했어! 이 계약 파기할 거야!'라고 결심하고 매수인에게 계약 파기 의사를 보냅니다.

그런데 매도인은 계약금만 돌려보낸다고 해서 바로 계약이 파기되지 않는다는 점을 알아야 합니다. '배액배상', 즉 받은 계약금의 배를 매수인에게 돌려줘야 모든 상황이 원위치됩니다. 매수인도 마찬가지지만 매도인이라면 더욱 계약하기 전에 심사숙고해야 합니다.

가계약도 엄연한 계약

지금까지 설명한 두 상황은 계약금을 보낸 경우의 계약 파기 건입니다. 그렇다면 '가계약'은 어떻게 될까요? 가계약은 일종의 '찜'입니다. 물건이 마음에 들어 정식으로 계약하기 전에 다른 사람들이 꿈도 꾸지 못하게 방어막을 쳐놓는 것입니다.

계약금이 전체 금액의 10% 정도로 관례화되어 있는 데 비해 가계약금은 정해진 게 없습니다. 계약금 안에서 일정 정도 금액으로 합의하면 됩니다. 문제는 가계약금을 보낸 상황에서 계약을 파기하고자 하는 경우입니다.

계약금도 아니고 가계약금이니 말만 잘하면 그대로 돌려받지 않을까 싶지만, 가계약도 엄연한 계약입니다. 계약 파기를 원하는 사람이 매수인이라면 가계약금은 포기해야 하고, 매도인이라면 2배로 돌려주어야 합니다.

그런데 지금까지 설명한 사항은 당사자 간에 '가계약이니까 이 정도로 하지요'라고 합의한 아름다운 상황이라는 점을 알아야 합니다. 법에서는 가계약을 인정하지 않지만, 배상에 관한 사항에서는 계약과 동일하게 취급합니다. 즉 위약금은 계약금을 기준으로 정한다는 말입니다.

예를 들어 10억짜리 주택을 거래한다고 할 때, 10억의 10%인 계약금 1억이 아닌 1,000만 원을 주고 가계약한 상황에서 계약 파기를 한다면, 매수인은 가계약금 1,000만 원만 포기하는 게 아니라 9,000만 원을 더 보내야 합니다. 매도인은 받은 가계약금 1,000만 원은 당연히 돌려주고 정식 계약금액의 배액배상이니까 1억 9,000만 원을 더 돌려줘야 합니다. 따라서 부동산 거래는 정말 신중하게 돌다리도 두드려보고 결정해야 합니다.

계약금 상황의 엄중함이 이 정도라면 '중도금'을 보내고 받는다는 것은 돌아갈 다리를 끊는다는 의미입니다. 돌아올 수 없는 강을 건넌다는 뜻입니다. 그러니 중도금 상황이 도래하기 전까지는 정말 신중하게 생각하고 행동해야 합니다.

우리 사는 세상이 재미있는 게 있습니다. 부동산 가격이 상승기냐 하락기냐에 따라 매도인과 매수인의 처지가 바뀝니다. 집값이 오르는 상황에서는 매도인의 생각이 수시로 바뀝니다. '어? 오르네? 나중에 팔까? 더 있다 팔까?' 하는 것입니다. 이때 매수인은 무슨 생각을 할까요? '어? 집값 올라가는 것 보니까 집주인 마음이 바뀔 수도 있겠네. 빨리 중도금 보내야겠다'고 생각합니다. 중도금 납부 시기를 늦추느냐 당기느냐의 싸움입니다. 집값 하락기에는 상황이 정반대로 바뀌겠지요.

결국 우리네 삶은 늘 밀당인가 봅니다. 매도자 우위 시기냐, 매수자 우위 시기냐에 따라 계약을 대하는 태도, 계약금을 보내는 태도가 달라집니다. 그러므로 계약이라는 건, 정말 신중해야 합니다. 가계약도 계약입니다. 심사숙고해야 합니다. 그런 후에 계약한다면, 좌고우면하지 말고 직진하시기 바랍니다.

부동산 세금,
꼭 알아야 할
핵심이 뭐죠?

제가 즐겨보는 웹툰 가운데 〈국세청 망나니〉라는 작품이 있습니다. 세금 징수라는 숭고한 목적을 위해 초인적인 능력을 발휘하는 한 세무사가 주인공인데, 그 친구가 보유한 능력 중 참 부러운 것이 하나 있습니다. 상대방에게 집중하면 그 사람 머리 위에 숫자가 나타나는데, 바로 탈세액입니다. 그러니 세무조사를 하는 데 많은 도움이 되겠지요.

어떤 건물이든, 아파트의 한 호든, 한 필지의 땅이든 시선을 집중하면 그곳에 부과되는 세금액이 제게 나타나는 장면은 생각만 해도 기분이 좋아집니다.

부동산과 세금은 한 몸

부동산에 꼭 따라오는 것 중 하나가 세금인데, 세무사들도 세금 때문에 골머리를 앓는다고 합니다. 오죽하면 '양포세무사', 즉 양도소득세 계산을 포기한 세무사라는 말도 있을까요. 부동산을 취득할 때와 보유할 때 그리고 매도할 때 어떤 세금이 어느 정도 부과되는지 정확하게 아는 게 중요합니다. 워낙 자주 바뀌기 때문에 수시로 점검하고 체크해야 하지요. 부동산 세금, 언제 어떻게 어느 정도 부과되는지 최소한 알아야 할 정도만 짚고 넘어갑니다.

구조 자체는 어렵지 않습니다. 부동산을 사면 취득했으니까 취득세, 가지고 있으면 보유 중이니까 보유세, 팔면 누군가에게 양도하는 거니까 양도소득세입니다. 여기까지는 간단하지만 좀더 깊이 알아보겠습니다. 앞으로 말하는 부동산은 쉽게 '집(아파트)'으로 설정하겠습니다.

취득세 과세율은 어떻게 달라질까?

취득세는 말 그대로 집을 사서 집주인의 자격이 부여되는 순간 부과되는 세금입니다. 자동차를 구매해 차주가 될 때 세금이 부과되는 것과 동일합니다.

취득세 부과 기준은 무엇일까요? 기본은 간단합니다. 집값입니다. 집값의 1~3%가 취득세로 부과됩니다. 예를 들어 10억짜리 집을 구매한다면 1,000만~3,000만 원이 취득세입니다. 다만 여러 가지 조건에 따라 다른 금액이 부과됩니다. 예전에는 집을 몇 채 구매해도 각각에 동일한 비율로 취득세를 냈는데, 지금은 개수에 따라 비율이 달라집니다. 집의 규모가 일정 기준 이상으로 커도 세금이 높아집니다. 이를 '중과된다'고 합니다.

집값이 6억 원 이하면 1%, 6억 원에서 9억 원 이하이면 1~3%가 적용되고, 9억 원이 넘어가면 3%가 적용됩니다. 네이버나 다음에서 '취득세 계산'으로 검색하면 복잡해 보이는 계산식이 여기저기 보이는데, '취득세 계산기'도 쉽게 찾을 수 있습니다. 거기에 대입해서 계산하면 됩니다.

집의 크기도 따져야 합니다. 구매하는 집이 전용면적 85m^2가 넘어가면 농어촌특별세(농특세)가 붙습니다. 연면적이 245m^2가 넘어가는 아파트나 빌라는 현재까지 계산된 세율에 8%가 더 부과됩니다.

이 취득세는 집의 가격과 크기에 따라 적용되는데, 전제 조건은 집이 한 채인 경우였습니다. 그런데 만약 한 채를 산 집주인이 욕심이든 투자든 무슨 이유에서든 2주택자의 삶을 살기로 결심한다면 다른 세율이 적용됩니다. 즉 다주택자와 법인에는 다른 세율이 적용됩니다.

또한 2주택자가 '어떤' 지역에서 집을 사는지도 따져야 합니다. 이른바 '조정대상지역'에 있는 집을 산다면 내야 하는 세금은 더 무거워집니다. 조정대상지역에서 2주택자가 되면 8%, 3주택자가 되면 12%로 점점 올라갑니다. 비조정대상지역이면 2주택자까지는 1주택자 세율과 동일하고, 3주택자이면 8%, 4주택자이면 12%가 되는 구조입니다.

결국 집주인이 되기로 결심했다면 자기 주택 수와 크기, 어디에 있는지를 잘 따져보아야 합니다. 참고로 2024년 말까지 '생애 최초 주택 구매'에 해당하는 분에게는 취득세를 감면해주니 자세한 내용은 더 알아보기 바랍니다.

재산세와 종합부동산세

보유세는 집을 보유하고 있다면 누구나 내는 세금입니다. 재산이 있으니까 재산세를 내고, 재산 금액이 기준 이상으로 많으면 재산세 받고 하나 더 종합부동산세(종부세)가 부과됩니다. 즉 보유세에는 재산세와 종부세가 있는데, 생각하기에 따라 비슷해 보이기도 하고 꽤 달라 보이기도 합니다.

재산세는 지방세이고, 종부세는 국세입니다. 재산세는 역사가 오래되었고 종부세는 노무현 대통령 시절 탄생했는데, 오랜 진통 끝에 2005년 1월 1일 국회를 통과하면서 첫발을 내디뎠습니다.

재산세는 각 주택에 매겨집니다. 집주인이 1주택자이든 2주택자이든 5주택자이든 보유한 주택에 각각 부과됩니다. 이것을 건별 부과라고 하지요. 그에 비해 종부세는 인별 부과 구조입니다. 집의 가격이 비싸고 집을 많이 소유한 사람에게 무겁게 부과됩니다.

　재산세와 종부세를 제대로 이해하려면 공시가격에 대해 알아야 합니다. 취득세가 집을 구매한 가격, 즉 실거래가를 기준으로 매겼다면 재산세와 종부세는 그렇게 무지막지하지 않습니다. 나라에서 해마다 한 차례 개별 주택의 가격을 정해 발표하는데, 공시가격을 기준으로 합니다. 아파트의 경우 공시가격은 시세의 70% 정도라고 보면 되는데, 보유 중인 집의 공시가격은 한국감정원 앱에서 확인할 수 있습니다.

　이렇게 정해진 공시가격을 놓고 몇 가지를 계산해서 재산세가 부과되고, 재산세보다 훨씬 더 여러 가지 조건을 따져본 후 종부세가 부과됩니다. 사실 어느 정도 집을 한 채만 보유했다면 종부세는 걱정하지 않아도 됩니다. 다만 집이 두 채 이상, 특히 강남에 두 채가 있다면 각오를 해야 합니다.

　종부세는 정권에 따라 강화되기도 하고, 약화되기도 합니다. 부자들에게는 세금을 좀 많이 부과하는 것이 사회 정의 아닌가 하는 의견과 이미 재산세를 내는데 이중과세 아닌가 하는 의견이 늘 부딪치는 사안일 만큼 변화무쌍한 세금입니다.

양도소득세

양도소득세(양도세)는 집을 팔았는데 그 집을 산 가격과 판 가격이 차이가 커서 이익이 남는 매우 행복한 상황일 때 부과되는 세금입니다. 즉 부동산 매매로 소득이 생겼으니 세금을 내라는 소득세입니다. 앞에서 '양포세무사' 얘기를 했는데, 양도소득세가 그만큼 복잡하고 매력이 넘치는 세금이란 얘기입니다. 양도소득세 관련한 부동산 절세 강연이 열리면 언제나 객석이 가득 차는 걸 보면 그만큼 만만치 않고 관심이 많은 세목입니다.

만약 집을 팔았는데 차익이 발생하지 않았다면 양도세는 내지 않고 1주택자도 양도세를 내지 않습니다(12억 원 이하이고 2년 이상 보유한 경우). 그럼 이사 가려고 집을 구매해서 일시적으로 2주택자가 된 사람은 억울하지 않느냐고요? 그런 상황에 놓인 분들이 있다는 것을 이미 파악했기에 '일시적 2주택자'라는 용어도 만들었습니다. 일시적 2주택자의 경우 정해진 기간(3년) 안에 집 한 채를 판다면 양도세 걱정은 하지 않아도 됩니다.

양도세는 종부세와 마찬가지로 인별 과세이고 중과세가 적용되는 구조입니다. 또한 주택이 어느 지역에 있느냐에 따라 달라집니다. 양도세에 적용되는 중과세율은 취득세나 종부세보다 더 합니다. 조정대상지역에서 집을 여러 채 보유한 이들이 양도를 선뜻 하지 않는 이유는 실효세율이 80%까지 간다고 할 정도로 양도세가 너무 무겁기 때문입니다. 자세한 양도세 계산 방법 등은 네이버에서 찾아보면 도움이 많이 됩니다.

이렇게 부동산 세금에 대해 최소한으로 알아야 할 사항을 얘기했습니다. 세금은 솔직해야 합니다. 자신이 보유하고 있는 부동산에 대해 솔직하면 할수록 세금도 투명하게 부과됩니다. 대한민국 국민으로 살아가는 한 이왕이면 소득을 많이 창출해 많은 세금을 내길 소망합니다.

'줍줍'이란 게
도대체
뭔가요?

우리에게 문의를 하거나 상담을 신청하는 이들이 자주 묻는 것이 있습니다.

"'줍줍'이 뭔가요?"

어떤 이들은 이런 문의도 합니다.

"'무순위 청약'에 넣는 사람들이 많다는데, 그게 뭔지 자세히 알려주실래요?"

부동산 공부를 하다 보면 용어를 몰라 이해하지 못하는 경우가 종종 있습니다. 그럴 때는 알 만한 사람에게 물어보든, 인터넷을 검색하든, 유튜브를 뒤져보든 일단 알고 넘어가야 합니다.

줍줍이나 무순위 청약이 발생하는 이유

앞에서 줍줍, 무순위 청약이라는 말이 나왔는데, 이 2가지 말은 사실 같은 얘기입니다. '무순위 청약'은 청약이라는 말이 있으니 분양 과정에 해당할 텐데, 공식 분양 절차가 종료된 후 누군가 계약하지 않거나 부적격 사유로 계약이 취소되는 경우가 생깁니다. 이렇게 다시 나오게 된 물량에 대해 분양 신청을 받는 것을 무순위 청약이라고 합니다.

청약에 당첨만 되면 그 이후부터 무조건 계약을 진행하고 입주를 향해 순탄하게 가는 것이 아닙니다. 당첨이 취소되는 사례도 적지 않습니다.

대부분의 당첨 취소는 청약 신청을 한 사람이 단순 실수를 저지르는 경우입니다. 당첨이 취소되면 일정 기간 아파트 청약에 아예 참여할 수 없기 때문에 억울한 상황에 처하지 않기 위해서라도 청약 신청을 할 때는 정신을 바짝 차려야 합니다.

그밖에 당첨이 취소되는 경우는 부적격 당첨을 말합니다. 사업 주체는 청약 접수가 끝난 뒤 청약자들의 금융, 자산 등에 관한 정보를 넘겨받아 이른바 부적격한 이들이 있는지 꼼꼼하게 체크합니다. 대상이 되는 이들에게는 일정 기간 소명할 기회를 주는데, 제대로 소명하지 못하면 당첨이 취소됩니다.

이렇게 취소되는 물량은 예비 당첨자들에게 배정되는데, 이 단계를 거쳐도 분양을 마무리하지 못하는 물량이 나오면 무순위 청약으로 넘어갑니다.

청약 당첨이 하늘의 별 따기만큼 힘들다는 건 모두 아는데, 무순위 청약은 추첨으로 입주자를 뽑습니다. 그래서 횡재를 줍게 된다는 의미가 생겨 아파트를 줍고 줍는다는 뜻에서 '줍줍'이라고 하는 것입니다.

물론 '줍줍'의 물건이 매우 적고 경쟁률도 엄청나기에 당첨될 확률은 아주 희박하지만 당첨되기만 하면 로또 당첨에 비견되기에 많은 이들이 무순위 청약, 일명 줍줍에 몰리는 것이 현실입니다. 그런데 알고 보면 그럴 만한 이유는 있습니다.

첫째, 무순위 청약은 만 19세 이상이면 청약통장이 없어도 신청이 가능합니다. 둘째, 다주택자도 참여할 수 있습니다. 셋째, 이것이 무순위 청약의 가장 빛나는 점일 텐데, 청약 재당첨 제한이 없습니다. 청약통장을 사용하지 않으니 청약 당첨 기록 자체가 남지 않고, 재당첨에 제한이 없어 또 신청할 수 있기에 무순위 청약에 사람들이 몰려드는 것입니다. 최근 몇 년 사이에 '줍줍' 참여 열기가 뜨거워지면서 지난 2년간의 무순위 청약 신청자 수를 다 합하면 무려 400만 명 정도나 됩니다.

그런데 무순위라고 해서 다 같은 무순위 청약이 아닙니다. 유형별로 청약 자격이 다른데, 특별히 어려운 건 아닙니다.

첫째, '무순위 사후 접수'는 당첨자와 예비 입주자를 대상으로 계약 절차를 마쳤으나 이후 자격 미달이거나 계약을 포기해서 잔여 가구가 발생하는 경우입니다. 즉 순위 내에서 공급 물량보다 신청자가 더 많아 경쟁이 발생했으나 계약을 포기하는 경우, 이른바 미계약 물량입니다.

이 지점에서 꼭 알아두어야 할 사항이 있습니다. 미계약 물량은 해당 지역 거주자가 아니라 국내 거주자 전체를 대상으로 접수합니다. 이른바 '전국구 청약'이라고 하는데, 만 19세 이상 국내 거주자이면 지역, 주택 소유 여부, 청약통장 보유 여부 상관없이 누구나 청약할 수 있습니다.

둘째, '임의공급 접수'가 있습니다. 입주자 모집 공고 때 경쟁이 발생하지 않아 미분양된 경우인데, 미계약 물량과 다른 개념입니다. 임의공급 접수의 무순위 청약 자격 요건은 사업 주체가 정합니다. 시행사나 조합에서 자격 요건을 결정한다는 얘기입니다. 그렇기에 임의공급 접수는 사업지역마다 나오는 입주자 모집공고를 그때그때 확인해야 합니다. 전부 자격이 다를 수 있으니까요.

셋째, '계약취소주택 재공급'이 있습니다. 역시 미계약 물량과 다른 개념입니다. 한마디로 부정 청약 건인데, 당첨자가 불법 전매, 위장 전입, 위장 이혼 등 이른바 공급 질서 교란행위로 계약이 취소된 경우입니다.

무순위 청약 당첨자 선발 방법은?

그렇다면 무순위 청약 당첨자는 어떤 방식으로 뽑을까요? 한국부동산원에서는 청약홈을 운영하는데, 당첨자 선정은 '난수발생 프로그램'을 활용합니다. 난수는 어떤 주기로 반복되지 않고, 특정한 규칙 없이 무작위로 나열된 수를 말합니다. 건설사나 조합으로 대표되는 사업 주체가 세 번 추첨해 무작위로 뽑은 9개 숫자를 전산 단말기에 순서대로 입력하고, 이를 바탕으로 난수를 추출한 다음 청약 신청자 목록에서 당첨자를 고르는 방식입니다. 그렇기에 조작 논란이 불거질 염려는 하지 않아도 됩니다.

다만 무순위 청약의 특성을 제대로 알지 못하고 무턱대고 뛰어드는 것은 좋지 않습니다. 서울의 한 하이엔드아파트의 경우 세 집 물량의 무순위 청약에 무려 27만여 명이 몰렸습니다. 그중에서 가장 저렴한 세대가 17억 원이었는데, 경쟁률이 무려 215,000 대 1이었습니다.

무순위 청약의 대표적 단점은 자금 조달 기간이 너무 빠듯하다는 것입니다. 계약금을 며칠 만에 납부해야 하고, 잔금도 한두 달 안에 마무리해야 합니다. 서울의 수십 억 원짜리 아파트에 로또 당첨되었다 한들 이 일정을 감내할 사람이 과연 어느 정도나 될까요?

무순위 청약 신청이 많은 아파트에는 어떤 특징이 있을까요? 인근 시세 대비 분양가가 아주 저렴한 아파트들에 몰립니다. 시세차익이 없는 아파트의 무순위 청약은 당연히 경쟁률이 약합니다. 그런 이유로 어떤 무순위 청약에는 수십만 명이 몰리고, 반대로 어떤 무순위 청약에는 신청조차 안 하는 경우가 생깁니다.

현재 대한민국의 부동산, 특히 아파트 시장은 그야말로 극과 극입니다. 한쪽에서는 고가 경쟁을 하고 있고, 다른 쪽에서는 이자를 내지 못해 경매로 넘어가는 아파트가 쏟아지고 있습니다. 이럴 때일수록 냉철한 시각으로 부동산 시장을 들여다보아야 합니다.

임대차 3법은
무엇이고,
왜 알아야 하나요?

얼마 전 방송으로 인연을 맺어 알고 지내는 한 피디와 점심을 함께 했습니다. 예전에는 피디들이 저와 함께할 때 나누는 대화 소재가 대부분 방송이었는데, 언제부턴가 부동산이 화제가 되는 일이 점점 많아졌습니다.

제가 먼저 부동산 이야기를 꺼낸 적은 거의 없습니다. 대개 상대방이 먼저 요즘 어느 지역 집값이 많이 떨어졌다거나, 집값이 앞으로 어떻게 될지 궁금해하거나, 경매 공부를 해보면 어떨지 고민이라거나 하는 식입니다. 그런데 점심을 같이 먹던 그 피디가 꺼낸 대화의 뉘앙스는 조금 달랐습니다.

"내가 얼마 전에 집주인이 되었거든. 누군가에게서 전세보증금이라는 이름의 꽤 많은 금액이 입금되었고, 나는 그 사람에게 '편하게 잘 사세요'라고 했는데, 기분이 참 묘하더라고."

다이내믹한 임대인과 임차인의 관계

평생 세입자로 살던 그는 몇 년 전 당첨된 경기 파주 운정지역 아파트가 입주 시기가 되었지만 직접 들어가 살 여건이 안 되어 전세를 놓았다고 합니다. 현재도 다른 지역에서 임차인으로 사는데 동시에 임대인이 되어 낯설다는 얘기였습니다.

임대인과 임차인, 다른 말로 집주인과 세입자의 관계는 유독 대한민국에서는 참 다이내믹한 것 같습니다. 임대인과 임차인은 운명의 동반자이기도 하고 서로 빌런이 되기도 합니다.

저는 그 피디에게 임대인이 된 걸 축하한다고 하면서 이제 주택임대차보호법을 신경 써야 한다고 말했습니다. 그 피디는 마침 얘기 잘 꺼냈다면서 이렇게 질문했습니다.

"도대체 임대차 3법이 뭐야? 국토교통부 장관이 임대차 2법인가를 폐지해야 한다고 해서 크게 논란이 된 것 같던데, 나도 그게 뭔지 잘은 몰라서…."

임대차 3법을 알아야 하는 이유

세입자와 집주인 중 약자는 누가 뭐래도 세입자입니다. 과거에는 집주인이 갑자기 나가라고 해도 하소연도 못 하고 짐 싸서 나가야 했을 정도입니다. 우리나라에서 '집 없는 설움'이라는 표현이 괜히 나온 게 아니겠지요. 느리긴 했지만, 대한민국은 엄연히 민주공화국이기에 법으로 세입자를 보호하려는 움직임이 시작되었고, 마침내 1981년 3월 5일 집주인에 비해 상대적으로 약자의 위치에 있는 세입자를 보호해 국민 주거생활의 안정을 도모한다는 사회 정책적 목적을 달성하고자 '주택임대차보호법'이 제정되었습니다. 줄여서 임대차법이라고 하지요.

이 법은 사회 변화에 따라 여러 차례 개정되었습니다. 2020년에 개정될 때 임대차신고제, 전월세상한제, 계약갱신청구권이 추가되었는데, 이를 가리켜 흔히 임대차 3법이라고 합니다.

첫째, '임대차신고제'는 말 그대로 임대차 관련 사항을 국가에 신고하라는 규정입니다. 임대인과 임차인이 계약한 보증금, 임대료, 임대기간, 계약금·중도금·잔금 납부일 등의 계약 사항을 30일 이내에 시·군·구청에 반드시 신고해야 합니다. 전월세 시장은 매매시장에 비해 통계가 잡히지 않아 투명도에서 떨어졌기에 그걸 개선하자는 취지입니다.

이마저도 바로 시행된 것이 아니라 준비 기간을 거쳐 2021년 6월

1일부터 시행되었는데, 2024년 5월 31일까지는 계도기간으로 운영했습니다. 그럼 현재는 잘 시행되고 있을까요? 계도기간을 2025년 5월까지 1년 더 연장했습니다. 무슨 이유가 있는지 잘 모르겠지만 제도를 시행한다는 것이 쉽지 않아 보입니다.

둘째, '전월세상한제'는 이른바 '5%룰'로 불리는 제도입니다. 임대차 계약을 하고 2년 동안 살면 임차인 앞에 놓인 그다음 선택지는 2년 더 살거나 나가거나 2가지입니다. 전자인 2년을 더 살기로 하는 경우 임대인은 전세보증금을 인상할 수 있는데, 전월세상한제는 보증금을 5% 이상은 올리면 안 된다고 강제하는 규정입니다. 예를 들어 2년 동안 2억 원의 전세보증금을 내고 살았다면 그다음 2년은 최대치로 올려도 보증금이 2억 1,000만 원이라는 얘기입니다. 전세가가 상승기라면 임대인에게는 기분 나쁜 규정이겠지만 하락기라면 그렇지도 않습니다. 다만 5% 인상은 계약을 연장해 계속 사는 세입자에게만 적용됩니다. 새로운 세입자가 들어오면 5%에 구애받지 않아도 됩니다.

그렇다면 이 지점에서 임차인과 임대인 사이에 묘한 기류가 형성될 수 있습니다. 더군다나 계약 갱신 시기가 전세가 상승기라면 어떻게든 대폭 올리고 싶은 임대인과 어떻게든 최대 5%만 올려주면서 계속 더 살고 싶은 임차인의 갈등이 심해지겠지요.

예전 같으면 임대인은 임차인에게 2년 거주했으니 나가라고 강하게 압박할 수 있었지만, 이제는 통하지 않습니다. 세 번째 항목 '계약

갱신청구권'이 버티고 있기 때문입니다. 임차인이 계약갱신청구권을 행사한다면 임대인은 무조건 들어줘야 합니다. 한 번에 한 해 2년을 더 살 수 있습니다. 결국 현재 임대차법은 세입자가 최대 4년은 한집에서 살 수 있게 보장하는 것입니다.

물론 대한민국의 법은 어떤 상황에서도 무조건 임차인의 손을 들어줘야 한다는, 임대인 쪽에서 볼 때 개탄스러울 정도로 무지막지한 것은 아닙니다. 임차인이 '2년 더!'를 외쳤을 때 임대인이 '미안합니다~' 하면서 들어주지 않아도 되는 상황을 규정해놓고 있습니다. 예를 들어 이런 때입니다. 월세의 경우 임차인이 2번 연체한 경우, 임차인이 거짓 등으로 임차한 경우, 서로 합의하에 임대인이 임차인에게 상당한 보상을 제공한 경우, 임차인이 임차한 주택의 전부 또는 일부를 심대하게 파손한 경우, 임대인이나 임대인의 직계존·비속이 입주하려는 경우 등 8~10가지에 달합니다.

나쁜 마음을 먹은 임대인은 자신이 실거주할 테니 나가달라고 한 다음에 전혀 다른 세입자를 받기도 하는데, 세입자가 알게 되어 손해배상을 청구할 수 있다고 법에서 단서를 두고 있습니다. 이런 불상사가 일어나면 임대인도, 임차인도 모두 좋지 않겠지요.

제가 앞서 임대인이 된 피디에게 앞으로 임대차보호법에 관심을 가지라고 한 이유 중 하나는 다음과 같은 상황이 전개될 수 있기 때문입니다. 이른바 '묵시적 갱신'입니다. 임대인과 임차인이 워낙 부끄러움을 많이 탈 수 있습니다. 서로 아무런 의사 표현을 하지 않은 사이에 계약 종료 기간이 성큼성큼 다가오겠지요. 결국 아무런 대화 없이 2년이 지나 자연스럽게 2년 더 연장하는 경우를 법에서는 묵시적 갱신으로 계약이 연장되었다고 봅니다. 임차인은 계약갱신청구권을 사용하지 않았는데도 계약이 연장된 것입니다.

이렇게 되면 임차인은 첫 기간인 2년에, 묵시적 갱신으로 2년 더 살다가 이번에는 표현한 임대인에게 계약갱신청구권을 행사해 2년 더 살게 되어 총 6년간 거주한다는 스토리가 완성됩니다. 임대인이 괜찮다고 하면 전혀 문제 될 게 없지만 혹여 임대인의 속마음이 그게 아니었다면, 임대인은 계약 만료 시기가 다가오면 임차인에게 계약 연장 여부를 반드시 확인해야 합니다(2개월 전에는 해야 합니다). 계속 거주하고 싶은 임차인에게 가장 권장되는 솔루션은 아무 말도 하지 않고 그저 묵시적 갱신이 되기를 바라는 것이라 하겠습니다.

임대차 3법이 우리네 삶으로 들어온 지 4년이 되었지만 아직도 여전히 논란이 적지 않습니다. '임대차 3법 때문에 오히려 전세가격이 폭등했다, 계약을 갱신할 수 있어 세입자들의 주거 안정화에 도움이 됐다, 계속 시행해야 한다, 이참에 폐지해야 한다' 등 의견들이 부딪치고 있습니다. 전세보증금 상한선을 법으로 제한하는 것이 맞는지, 세입자가 원하면 2년 더 살게 하는 게 합당한지 제 생각은 굳이 말씀드리지 않겠습니다. 다만 전월세 시장을 투명하게 들여다보고자 신고를 의무화하자는 임대차신고제마저 아직도 의무 시행이 되지 않는 상황은 이해가 가지 않습니다. 정확한 통계의 확보는 기본 중의 기본입니다. 일단 기본이 준비되어야 머리를 맞대고 의미 있는 토론도 하고 합리적인 정책도 나오는 게 아닐까요?

CBD, YBD, GBD라는
용어는
무슨 뜻인가요?

문득 어느 날, 그동안 제가 주로 어떤 지역에서 거주하고 놀고 일해왔는지 기억을 떠올려봤습니다. 저는 강원도에서 태어나 대학 입학을 계기로 서울로 와서 현재까지 살고 있는데, 1980년대 후반에서 1990년대 초반까지는 주로 명동과 종로 일대를 누볐고, 1993년부터 2010년대 즈음에는 여의도에서 동료·선후배들과 함께했다면, 2010년대 후반부터 2024년 현재는 주로 강남 일대를 누비면서 열심히 일하고 있습니다.

이번에는 CBD, YBD, GBD라는 용어를 이야기하려고 이런 기억을 떠올려보았습니다. 제가 지나온 삶의 궤적을 볼 때 이 용어들을 이야기할 자격이 충분하다고 판단했기 때문인데, 괜히 어깨를 으쓱하면서 글을 이어가겠습니다.

3대 핵심 업무지구

우리나라 사람들은 말을 참 잘 만들어냅니다. 특히 우리말을 영어로 바꾸면 더 품격이 있다거나 글로벌에 가까워진다고 생각하는 이들이 적지 않은데, 부동산에서의 CBD, YBD, GBD란 용어들도 마찬가지입니다.

어떤 아파트의 가치를 논할 때 맨 앞에 놓이는 것이 '입지'인데, 입지는 단순히 물 좋고 산 좋은 곳이나 배산임수 같은 것을 말하는 게 아닙니다. 사는 곳이 일자리와 얼마나 가깝고 이동하기가 얼마나 편리하냐를 말하는데, 우리나라에서 가장 많은 일자리와 고소득 연봉을 보장하는 우수한 일자리가 집중적으로 몰려 있는 지역이 세 곳 있습니다. 바로 도심권역, 여의도권역, 강남권역입니다. 세 지역을 영어로 표현한 단어가 바로 CBD(Central Business District), YBD(Yeouido Business District), GBD(Gangnam Business District)입니다. 이른바 3대 핵심 업무지구입니다.

서울 사대문 안 도심권역

먼저, CBD는 서울 사대문 안 도심권역, 즉 광화문, 시청, 종로, 을지로 일대를 가리킵니다. 역사적으로 볼 때 서울에서 가장 먼저 발달한 업무지구입니다. 조선의 수도 한양의 중심지역이지요. 지금은 대통령 집무실이 용산에 있지만 청와대가 자리하고 있고, 꽤 많은 부처가 있는 정부종합청사가 있으며, 서울특별시청이 굳건하게 자리하고 있습니다.

상당히 많은 나라의 주한대사관이 자리 잡고 있는 지역도 바로 CBD입니다. CBD에는 미국, 일본, 호주, 멕시코 외에 수많은 국가의 주한대사관이 있고, 조금 걸어 삼청동 부근으로 가면 주한베트남대사관도 있습니다. 신세계, CJ, 한진, 한화 등 대기업 빌딩도 이 지역에 있습니다. 동아일보 사옥 쪽에서 시작하는 청계천은 동대문 방향으로 쫙 펼쳐지는데, 평일에는 인근 직장인들이 커피를 들고 여유롭게 산책하고 주말이면 꽤 많은 외국인이 나와 즐기는 모습을 볼 수 있습니다.

CBD는 전통적으로 형성되어온 오래된 도심지역이므로 아파트라는 주거의 관점으로 보면 신축 대단지라고 할 곳을 찾아보기가 어렵습니다. 2017년 준공된 1,148세대의 경희궁자이 외에는 직주근접이라 할 만한 주거단지는 CBD에 거의 없습니다. 워낙 이 지역 곳곳에 우리의 문화재가 많이 자리해 있기에 어쩔 수 없는 측면이 있습니다. 3대 핵심 업무지구이긴 하지만 이곳으로 얼마나 편리하게 이동할 수 있는 주거단지냐에 따라 해당 단지의 입지 가치가 결정된다고 하겠습니다.

여의도지구

이번엔 YBD, 즉 여의도지구입니다. 제가 일을 처음 시작하고 열정을 불태운 지역이라 많은 추억과 후회와 웃음과 눈물이 구석구석 녹아 있는 곳입니다. 지금은 높은 주상복합 건물과 오피스텔 빌딩이 서 있는데, 1990년대의 그 자리엔 MBC문화방송 사옥이 있었습니다. 아담했지만 참 앙증맞고 예쁜 건물이었지요. 당시 그 공간 주변을 걸어 다닐 때 서 있던 많은 아파트단지는 지금도 그대로 서 있는데, 변화가 있다면 재건축 이슈로 뜨겁다는 것입니다. 63빌딩 맞은편에 있는 여의도시범아파트가 준공된 때가 1971년이니 무려 50년이 훌쩍 넘었습니다. 오매불망 재건축을 기다리며 실거주 중인 이들이 있을 텐데, 여의도 아파트단지들의 미래가 무척 궁금합니다.

여의도는 넓은 지역은 아니기에 여의도라는 일자리 공간으로 출퇴근하는 이들은 각자의 여력에 따라 어떤 분은 가까운 마포·공덕에, 어떤 사람은 강서·마곡에 거주하고, 또 다른 사람은 영등포·신길에 거주합니다. 이동하는 데 어느 정도 시간이 걸리고, 얼마나 편리하게 이동할 수 있느냐 등에 따라 거주지역의 가치가 결정됩니다.

YBD 지역을 일자리라는 관점에서 보면 우리나라의 대표적 금융 지역입니다. 1990년대에는 우리나라를 대표하는 방송 전문 지역이 었지만, 2004년 SBS가 목동으로 이전하고, MBC마저 일산과 상암으로 가면서 현재는 최대 공영방송 KBS만 남아 방송 전문 지역이라는 타이틀은 마포구 상암동으로 넘겨주었습니다. 물론 서여의도에는 국회의사당이 있어 YBD는 여전히 대한민국의 정치 중심지이기도 합니다.

강남지구

마지막으로 GBD, 즉 강남지구를 보겠습니다. 큰 도로를 보면 강북에서 한남대교를 넘어와 신사역에서 양재역까지 이어지는 강남대로와 강남구의 중앙 부분을 동서로 가로지르는 테헤란로가 있습니다. 강남대로를 사이에 두고 서초구와 강남구가 마주 보고 있습니다. 테헤란로에는 대기업, 금융기업, IT기업 등이 대거 포진하고 있고, 테헤란로 북쪽으로는 강남역, 코엑스, 가로수길, 압구정 로데오 등 화려한 상업지구들이 있습니다. 또한 교대역 일대에는 대법원과 서울지방법원이 있어 수많은 변호사 사무실과 로펌이 자리하고 있습니다. 이렇듯 가장 많은 일자리가 집중된 곳이 바로 강남입니다.

앞서 본 CBD와 YBD의 단점 중 하나는 일자리 공간으로는 최고이지만 주거공간은 그렇지 않다는 것이었습니다. 이에 비해 GBD는 주거공간 측면에서도 대한민국 최고를 자랑합니다. 1970년대부터 정부가 주도적으로 나서서 개발한 최초의 대형 신도시가 바로 강남입니다. 여름이면 홍수에 취약한 논밭으로 펼쳐진 드넓은 땅을 격자형으로 구획하고, 한강변 공유수지를 매립하고, 섬이었던 잠실도도 택지와 상업지구로 편입해 대규모 도시를 만들었습니다. 그 결과 일자리 중심 지구와 대단지 아파트 지구가 공존하게 되었습니다.

무엇보다 브랜드 대단지 아파트들이 강남 곳곳에 있습니다. 더군다나 강남의 변화를 가속화할 재건축 사업이 앞서거니 뒤서거니 벌어지고 있습니다. 2009년 3월 준공된 반포자이처럼 앞서가기도 하고, 래미안 원베일리처럼 이제 막 대장정을 마친 곳도 있으며, 1979년 준공된 4,424세대 규모의 은마아파트처럼 여전히 재건축 로드를 달리는 곳들도 있습니다. 분명한 건 강남은 계속 '강남'이라는 대체할 수 없는 브랜드를 가지고 갈 것이라는 점입니다.

CBD, YBD, GBD가 거론되는 이유가 무엇일까요? 부동산의 가치를 결정하는 여러 요소 중 일자리가 매우 중요하기 때문입니다. 상업용 부동산이라면 일자리가 많은 지역에 있어야 좋겠고, 주거용 부동산이라면 직주근접, 즉 일자리와 가까운 곳에 있어야 가치가 높은 부동산이 됩니다. 대한민국 서울에서 고급 일자리가 가장 많은 지역이 CBD, YBD, GBD이니 아파트를 매수한다면 이 세 지역을 놓고 찾는 게 좋은 결과를 낸다는 이야기입니다. 물론 제2, 제3의 ()BD는 계속 등장할 테니 괄호 안을 채워가면서 투자 지역을 찾아보는 것도 좋은 부동산 공부가 될 것입니다. 서두에 말씀드렸듯이 CBD, YBD, GBD는 제가 살아온 경로이기도 합니다. 세 지역이 다 저에겐 특별한 공간이지만 청년기를 불태웠던 YBD 안을 더 많이 추억하고 싶습니다.

토지의 용도가
미리 법으로
정해져 있다면서요?

저는 뭔가에 꽂히면 하루 종일 '그것'만 보입니다. '운동화를 사볼까?' 생각하면 하루 종일 가는 곳마다 사람들이 신고 있는 운동화만 보이지요. '선글라스 좀 장만해볼까?' 생각하면 이런저런 선글라스들이 하루 종일 줌인되어 보입니다.

제가 '부동산'이라는 세 글자를 삶의 테마로 온몸에 장착하고부터는 가는 곳마다 부동산이 보이고, 부동산과 관련을 맺고 있는 이들이 제 주변에 점점 늘어납니다. 그중 한 부류로 공인중개사 시험을 생각하거나 공부하는 이들이 있습니다.

국가가 관리하는 토지의 용도

공인중개사는 국가에서 부여한 자격증이고 상당히 난도가 있는 시험을 통과해야 하는데, 1년에 한 차례, 10월 마지막 주 토요일에 전국에서 치러집니다. 2024년은 35회라고 하는데, 날짜를 보니 10월 26일이네요.

얼마 전 시험공부에 매진하고 있는 지인과 만날 기회가 있었는데, 시험 볼 결심을 늦게 해서 올해 합격은 꿈도 안 꾼다고 하더군요. 경험 삼아 공부하고 시험은 볼 생각이라는 말에 뭐가 제일 어렵냐고 물어봤는데, 이런 얘기를 했습니다.

"어려운 게 한두 가지가 아니라서 다 말하자면 밤새워야 해. 예를 들어 공법이라는 과목이 있는데 토지의 용도나 목적 같은 게 이미 다 정해져 있더라고. 국가가 다 계획이 있었던 거야. 그런데 외울 게 무지 많아."

국가는 국토에 관해 대충 생각하거나 관리하지 않습니다. 모든 걸 법으로 규정하고 있습니다. 그렇게 하지 않으면 이른바 '난개발'이 될 수 있기 때문이죠. 우리는 전 국토에 골고루 살고 있지 않습니다. 대한민국 인구의 약 90%는 17%에 불과한 도시지역에 살고 있습니다. 놀라운 건 주택을 지을 수 있는 토지의 면적은 전 국토에서 4%에도 못 미친다는 사실입니다. 그렇기에 국가는 전 국토를 나눈 다음 각 토지의 용도를 정해놓은 것입니다.

토지를 분류하는 가장 큰 개념인 용도구역

기획부동산이라는 말을 들어보았을 겁니다. 연관 검색어로 '사기'라는 단어가 따라옵니다. 저도 그런 전화를 가끔 받는데, "안녕하세요. 정말 좋은 땅이 있어서 소개해드리려고 연락드렸습니다"라는 대사로 접근합니다. 그들의 스토리는 이렇습니다. '어디어디에 있는 땅이 현재는 아파트를 짓지 못하지만 곧 도로가 깔리고 용도가 변경되어 아파트단지가 신축된다. 지금 사놓으면 나중에 대박이 난다.'

이 이야기에서 우리가 알아야 하는 부분은 용도가 변경된다는 대목입니다. 즉 대한민국의 모든 땅에는 용도가 정해져 있고, 상황에 따라 용도는 변경될 수 있습니다. 그럼 용도가 정해져 있다는 말이 무슨 뜻인지 알아보겠습니다.

우리의 국토는 산지가 70%라는 것은 지리 시간에 배워 알 겁니다. 평야가 30%이고, 평야 중 사람들이 많이 모여 사는 도시가 있겠지요. 도시는 매우 낮은 비중을 차지할 뿐입니다.

예를 들어 제가 여러분에게 땅을 공짜로 주는 이벤트를 하는데, 100평짜리 땅이 딱 두 군데, 즉 하나는 서울에 있고, 다른 하나는 산 중턱에 있다면 여러분은 어떤 땅을 받고 싶나요? 당연히 서울에 있는 땅이지요. 이유는 명확합니다. 서울에 있는 땅이라야 가치가 훨씬 높기 때문입니다. 건물도 지을 수 있고, 그 땅이 알고 보니 재개발 예정지였다면 가격이 더 많이 오를 것입니다. 그러니 국가 안의 모든 땅에 대해 정부가 가만히 보고만 있으면, 누구나 자기 땅이 더 많은 가치와 가격을 갖길 바라는 건 인지상정입니다. 따라서 시장에 놔두지 않고 국가가 개입해 모든 땅의 용도를 정해놓아야 합니다. 이것을 '용도지역'이라고 하는데, 토지를 분류하는 가장 큰 개념입니다.

용도지역은 전 국토를 도시지역, 관리지역, 농림지역, 자연환경보전지역, 이렇게 4가지로 구분합니다. 공인중개사 공부하는 분들은 이 부분을 '도관농자'라고 외웁니다. '용도지역은 도관농자'라고요. 이 4가지 용도지역 중 우리와 가장 관련이 많은 곳이 도시지역인데, 도시지역은 다시 주거지역, 상업지역, 공업지역, 녹지지역, 이렇게 4가지로 구분합니다. 마찬가지로 암기할 때는 '도시지역은 주상공녹'입니다. 즉 용도지역은 도관농자, 도시지역은 주상공녹입니다.

이렇게 구분하는 이유는 무엇일까요? 이런 땅에서는 이런 건물만 지을 수 있고, 건물을 지을 때 형태는 이렇게 지을 수 있고, 넓이와 높이는 여기까지만 지을 수 있다는 규정을 하기 위해서입니다. 「국토의 계획 및 이용에 관한 법률」이 있는데, 이 법률 시행령에 용도지역에 따라 각각 규정되어 있는 건폐율과 용적률이 정리되어 있습니다.

도시지역의 주거지역은 전용주거지역, 일반주거지역, 준주거지역으로 나뉩니다. 더 세분하면 1종전용주거지역과 2종전용주거지역, 1종일반주거지역과 2종일반주거지역, 3종일반주거지역으로 구분

됩니다. 어떤 지역이냐에 따라 건폐율과 용적률이 달라지는데, 예를 들어 1종전용주거지역은 단독주택만 지을 수 있는데, 건폐율은 50%이고 용적률은 100%입니다. 이에 비해 3종일반주거지역은 건폐율은 50%에 불과하지만 용적률은 300%나 되고 중·고층주택을 지을 수 있습니다.

재건축이나 재개발을 다루는 뉴스를 보면 '종상향이 되어 사업성이 높아졌다'는 내용을 자주 접할 수 있는데, 종상향은 1종을 2종으로, 2종을 3종으로 올리는 것입니다. 종상향이 되면 왜 사업성이 높아지는지 이제 쉽게 이해할 수 있을 겁니다. 다만 이 규정들은 지자체에 따라 차이가 있으니 관심 가는 지역을 알아볼 때는 지자체 조례를 꼼꼼히 체크해야 합니다.

용도지역은 꽤 큰 범위의 분류이고 더 작은 지역을 규정하는 틀은 따로 있는데, 바로 '용도지구'와 '용도구역'입니다. 용도지구는 특정 지역에서 건축이 되는 건물의 형태나 용도를 더 좁게 규정할 때 적용합니다. 용도구역은 특정한 행위를 제한하는 방식을 적용할 때 사용합니다.

예를 들어 용도지구 중 건물의 높이 자체를 제한하는 '고도지구'가 있습니다. 서울 남산 주변이나 여의도 국회의사당 주변을 보면 고층빌딩이 없습니다. 용도구역의 종류 중 '개발제한구역'은 많이 들어보았을 겁니다. 보통 그린벨트라고 하는데, 이 구역은 매우 엄격하게 건축행위가 제한됩니다.

토지 사용 용도 지목

이렇게 용도지역과 용도지구, 용도구역에 대해 수박 겉핥기 정도만 알아봤습니다. 토지에는 정해진 용도가 있다는 얘기인데, 약간 다른 개념으로 '지목'도 알아두면 좋습니다.

등기부등본을 보면 표제부에 지목 항목이 있고, 예를 들어 '대'라고 표기되어 있는 바로 그 부분입니다. 지목은 토지의 사용 용도를 의미합니다. 「공간정보의 구축 및 관리 등에 관한 법률」 제67조 제1항에는 지목의 종류가 규정되어 있는데, 대, 전, 답, 임야, 도로, 잡종지 등 총 28가지나 됩니다.

28가지 지목 중 우리에게 친숙한 것은 '대'입니다. '대지'라고도 하는데, 주거, 사무실, 점포 등 건축물의 터를 의미합니다. 지목이 '산'이거나 '임야'인 땅을 가지고 있는 분들은 백이면 백 '대'로 변경되기를 원할 겁니다. 그래야 가치가 올라가니까요. 지목이 '대'가 되어야 건물을 지을 수 있습니다. 만약 건물을 짓고자 하는 땅의 지목이 대가 아니라면 지목을 변경하는 절차를 밟아야 하는데, 이를 지목변경이라고 합니다.

토지와 관련해 '필지'가 무슨 뜻이냐고 묻는 이들이 있습니다. 한 필지니 두 필지니 많이 쓰지만 정작 설명하려고 하면 입에서 잘 안 나오지요. 필지라고 할 때의 '필(筆)'은 '붓 필' 자입니다. 토지를 거래하려면 각자 소유하고 있는 토지가 구획되어 있어야 합니다. 하지만 토지는 눈에 보이는 경계가 없는 경우가 많아서 토지에 임의로 경계를 그은 다음 나뉜 각각의 토지를 '필지'라고 한 것입니다. 필지라는 개념은 등기할 때 매우 중요합니다.

이렇게 토지에 관해 개략적으로 알아보았습니다. 앞서 공인중개사 공부하는 지인 얘기를 했는데, 저는 공인중개사 공부를 하고 자격증에 도전하는 건 매우 의미 있는 일이라고 봅니다. 부동산을 공부하는 여러 방법 중 매우 좋은 길의 하나라고 생각합니다. 도전을 권합니다.

'전용면적'은 가족 구성원이 생활하는 순수한 집의 크기를 가리킬 때 사용합니다. 아파트 구성원이 공용으로 사용하는 공간이 바로 '주거공용면적'이고, 전용면적과 주거공용면적을 합쳐 '공급면적'이라고 합니다. 관리사무소, 주차장, 커뮤니티 공간들을 '기타공용면적'이라 하고, 전용면적과 주거공용면적과 기타공용면적을 합쳐 '계약면적'이라고 합니다.

재건축을 할 때 이왕이면 기존에 있던 세대수보다 더 많은 세대 수가 들어올 수 있게 만드는 게 좋습니다. 기존에 살던 주민들(조합원) 에게 분양하고 남는 부분은 일반분양을 하는 구조에서 수익성이 나오기 때문입니다. 그러려면 새로 짓는 아파트는 용적률을 높게 받으면 받을수록 더 많은 수익이 창출됩니다.

다세대주택과 연립주택은 '크기'가 다릅니다. 다세대주택보다 연립주택이 규모는 더 큽니다. 이 지점에서 궁금한 점이 있어야 합니다. 아파트와 다세대주택과 연립주택을 구별 짓는 포인트는 무엇일까요? 바로 층수입니다. 주택으로 사용하는 층수가 5개를 기준으로, 5개 이상이면 아파트이고, 5개 층 미만이면 다세대주택이나 연립주택입니다.

등기부에는 누가 해당 부동산을 소유하고 있는지 나옵니다. 누군가 해당 부동산을 담보로 잡고 돈을 얼마 빌렸는지도 나옵니다. 갚았으면 갚았다고도 표시되어 있습니다. 또한 해당 부동산의 면적이 나오고, 아파트라면 해당하는 아파트단지 전체 토지의 면적과 소유자가 보유하고 있는 토지의 지분까지 나옵니다. 등기부는 사람으로 치면 이력서입니다.

부동산 계약은 한 번 계약하면 돌이킬 수 없습니다. '중도금'을 보내고 받는다는 것은 돌아갈 다리를 끊는다는 의미입니다. 돌아올 수 없는 강을 건넌다는 뜻입니다. 그러니 중도금 상황이 도래하기 전까지는 정말 신중하게 생각하고 행동해야 합니다. 때에 따라서 돌이킬 수는 있지만 그 과정에서 상처를 입는 것은 감수해야 합니다.

부동산에 꼭 따라오는 것 중 하나가 세금인데, 세무사들도 세금 때문에 골머리를 앓는다고 합니다. 오죽하면 '양포세무사', 즉 양도소득세 계산을 포기한 세무사라는 말도 있을까요. 부동산을 취득할 때, 보유할 때, 매도할 때 어떤 세금이 어느 정도 부과되는지 정확하게 아는 게 중요합니다. 워낙 자주 바뀌기 때문에 수시로 점검하고 체크해야 합니다.

투자에 나서기 전 ——————————

공부해서 내 무기를 벼리기

3장은 부동산에 관심이 생겨 제대로 공부를 하려고 마음먹은 분들이 궁금해 하는 질문에 대한 저의 대답입니다. 몇 달 전, 삼송역 인근에 있는 한 방송사의 스튜디오에 갔습니다. 한 토크 프로그램 출연이 목적이었는데요, 약 4시간에 걸친 녹화를 마친 후 스태프들과 인사를 나누는데 거의 모든 출연자들이 저에게 다가왔습니다. 처음 보는 분도 있고 오랜만에 본 동료들도 있었는데요, 그들이 내게 앞 다투어 말한 것들을 정리하면 3가지였습니다. '표영호TV 너무 잘 보고 있다.' '언제부터 이렇게 부동산 전문가가 된 거야?' 그리고 '부동산 공부, 어떻게 해야 해?'였습니다. 다시 한번 느꼈습니다. 꽤 많은 이들이 부동산에 관심이 있고, 공부를 하고 싶어 한다는 것을! 부동산 공부를 할 결심을 한 사람들은 가장 좋은 생각을 한 거라고 확신합니다. 그런 분들을 위해 제가 알고 있는 내용들을 적어봤습니다.

부동산 공부,
어떻게 하면
좋을까요?

『어떻게 살 것인가』라는 부동산 관련 책으로 베스트셀러 작가로 등극한 이광수 대표를 아시는지요? '표영호TV'에도 몇 차례 초대해 영상을 촬영했습니다. 그분은 저를 볼 때마다 호기심 어린 표정을 자주 보였는데, 어느 날 작심한 듯 저에게 이런 얘기를 했습니다.

"표 대표님, 제가 대표님을 인터뷰하는 영상을 한번 만들어보면 어떨까요?"

"네? 대표님이 저를 인터뷰한다고요? 무슨 콘셉트로요?"

"표 대표님이 도대체 어떻게 부동산 전문가가 되었는지 무지 궁금해서요."

사실 그런 얘기는 그동안 적지 않게 들어서 눈치를 채긴 했지만, 이 대표의 남다른 진정성을 보았기에 촬영해보자고 의기투합했습니다. 며칠 후 이광수 대표가 MC가 되고 제가 게스트가 되어 이야기를 나누는 '광수네 복덕방' 콘텐츠를 촬영해 업로드했고, 반응이 뜨거웠습니다.

임장이 뭔지도 모르며 임장 다니던 시절

저를 아는 사람들은 제가 MBC 공채 개그맨이었다는 사실을 아는 사람과 모르는 사람, 이렇게 두 부류로 나눌 수 있습니다. 그런데 알든 모르든 한 가지 공통점이 있는데, 제가 어떻게 해서 부동산 전문가가 되었는지 무척 궁금해한다는 것입니다. 그래서 이렇게 물어보는 이들이 참 많습니다. "부동산 공부, 어떻게 하면 좋을까요?"

제가 부동산에 관심을 둔 지는 25년도 더 되었습니다. 그때 저는 여의도 MBC에서 일을 마치면 여의도와 강남 이곳저곳을 다니며 아파트와 상가 또는 빌딩을 둘러보았습니다. 시간이 꽤 흐른 뒤 몇몇 전문가에게 이런 얘기를 하니까 일찌감치 '임장'에 눈을 떴다며 놀라더군요.

강원도에서 태어나 청소년기를 보낸 뒤 청운의 꿈을 안고 서울에 왔을 때 제 눈에 보인 건 서울 곳곳에 빼곡한 수많은 건물, 빌딩, 아파트였습니다. 저렇게 많은 것 중 내 것이 하나도 없다는 현실이 아마도 저로 하여금 실물경제에 관심을 두게 한 것 같습니다.

그때부터 자연스럽게 제 관심은 부동산·주식 분야로 가게 되었고, 방송을 열심히 하든, 방송의 비중을 줄이든 제가 만나고 교류하는 사람들은 점점 관련 전문가와 자산가들로 채워졌습니다. 소통과 관련된 책을 몇 권 출간하고 전국을 다니며 소통을 주제로 강연도 많이 했지만, 청중 가운데 저에게 주식과 부동산 관련 질문을 하는 이들이 점점 많아졌습니다. 그렇게 하루하루 공부하고 사람과 만나고 유튜브 채널을 만들어 취재하고 부딪치다 보니 어느새 적지 않은 분이 저더러 부동산 전문가라고 한다는 사실을 알게 되었습니다.

부동산 공부를 꼭 해야 하는 이유

그럼 이제 어떻게 하면 부동산 공부를 잘할 수 있는지에 대한 제 생각을 말씀드리겠습니다. 가장 먼저 강조하고 싶은 것은 '마인드 셋'입니다.

'보고 싶은 것만 보인다'는 말이 있습니다. 신발을 사야겠다고 마음먹으면 그날은 어디를 가도 사람들의 신발만 보이지요. 선글라스를 사볼까 생각하고 나오면 평소엔 거의 안 보이던 선글라스 착용한 사람들이 여기도 보이고 저기도 보입니다. 마찬가지입니다. 부동산 공부를 해야겠다는 생각이 들면 우선 강하게 마음을 먹어야 합니다. 자기 환경을 부동산으로 세팅해야 합니다.

지레 겁부터 먹는 사람이 있겠지만 거창한 걸 말하는 게 아닙니다. 최대한 많은 시간을 부동산이라는 코드로 세팅하라는 얘기입니다. 이를테면 이런 방식입니다.

첫째, 신문, 그것도 종이신문을 매일 보길 권합니다. 경제 일간지를 보면 매일 빠지지 않고 부동산 관련 뉴스가 있습니다. 구독을 하면 좋고, 여의치 않다면 도서관에 비치되어 있는 여러 종류의 종이신문을 보면 됩니다. 매일 신문을 습관적으로 보다 보면 대한민국 부동산 시장의 대략적 흐름이 보이기 시작합니다. 여기에 경제 주간지와 월간지도 체크하면 더 좋습니다.

둘째, 부동산 관련 책을 읽길 권합니다. 어떤 분야이든 알고 싶을 때는 관련 책을 최소 5권에서 10권 정도만 읽으면 전체 그림이 보이기 시작합니다. 물론 어떤 책을 선택하느냐가 중요한데, 베스트셀러 몇 권과 부동산 관련 역사를 담은 책 몇 권으로 시작하면 됩니다.

어떤 분들은 '나는 이렇게 부동산 투자를 해서 부자가 되었다'는 유형의 책은 별 도움이 안 된다고 하지만, 저는 그런 책들도 일부러 피할 필요는 없다고 봅니다. 좋든 싫든 여러분이 공부하고 싶어 하는 부동산이라는 거대한 바다에 누구보다 먼저 몸을 던져 강렬한 체험을 한 분들의 얘기를 담은 책입니다. 자신감을 얻고 가슴이 설레는지 시험해볼 좋은 교재라 생각합니다. 물론 그런 책만 읽으면 안 된다는 점은 유념하기 바랍니다. 그리고 책은 꼭 사서 읽기 바랍니다. 밑줄도 그으며 여러 번 읽어야 하니까요.

셋째, 학원을 다니거나 유튜브 영상을 보며 공부하는 방법이 있습니다. 어떤 분야이든 정보의 취사선택이 문제이지 정보는 널려 있습니다. 유튜브에도 많은 전문가의 수많은 영상이 있습니다. 하지만 오늘은 이런 전문가, 내일은 저런 전문가 하는 식으로 닥치는 대로 시청하는 것보다 자신이 알아보고 싶은 분야를 먼저 정한 후에 그 분야를 얘기하는 전문가를 찾아 영상을 보는 게 좋습니다. 그렇지 않고 이것저것 보기만 하다 보면 정작 자신에게 체화되는 학습 효과는 일어나지 않게 됩니다.

다음은 네 번째라고 따로 떼어서 다룰 것은 아닌데, 이왕 부동산 분야를 공부하겠다고 마음을 굳게 먹었다면 공인중개사 자격증에 도전해보는 방법이 있습니다. 공인중개사 자격증 획득을 절대 우습게 볼 것이 아니라는 건 이제 많은 사람이 알고 있습니다. 2023년 10월 28일에 치러진 제34회 시험의 합격률은 1차가 20%, 2차가 23%였습니다. 10명이 쳐서 2명만 합격했습니다. 그래서 의미가 있습니다. 공인중개사 시험 공부를 하면 그 자체로 부동산에 관한 폭넓은 지식을 얻을 수 있습니다. 운이 좋아 자격증을 따기라도 한다면 활용도는 무궁무진합니다.

마지막으로, 공부와 함께 병행해야 하는 것으로 현장 답사, 즉 임장을 해야 합니다. 주말에 시간을 내어 목표한 지역들을 직접 가서 보면 책과 영상으로 공부한 내용을 심도 있게 재구성해줍니다. 최대한 다니면서 이곳저곳을 비교하다 보면 어느새 입지를 보는 눈이 생기면서 자신만의 부동산에 관한 시선이 조금씩 자리 잡게 됩니다. 여기서 중요한 것은 자신만의 임장 노트를 만들거나 블로그 등에 기록하는 것입니다. 꾸준히 축적해가면 빛을 발할 때가 반드시 옵니다.

지금까지 말씀드린 부동산 공부 방법들은 실제 자금을 가지고 하는 실전 투자 영역은 제외한 내용입니다. 포털 검색창에 '부동산'을 치면 '투자'가 연관 검색어로 뜹니다. 혹자는 부동산을 공부하는 유일한 목적은 투자라고 합니다. 어떤 분은 무슨 공부냐, 종잣돈 모아 하루라도 빨리 부동산 투자 경험을 쌓아야 한다고 얘기합니다. 틀린 말은 아니지만, 온 신경이 너무 투자 쪽으로만 가면, 오히려 큰 걸 보지 못할 수 있습니다.

부동산 투자는 시간과의 싸움이고 정부 정책에 일희일비할 필요도 없습니다. 그렇기에 적어도 2~3년은 차분하게 부동산 공부를 하며 진짜 내공을 쌓는 것이 좋습니다. 부동산 공부는 자신의 자산을 좀더 튼실하게 지켜주는 든든한 무기가 됩니다. 무기를 더욱 날카롭고 단단하게 벼리는 것이 먼저입니다. 휘두르게 될 날은 머지않아 옵니다.

부동산 공부에
도움이 되는 앱에는
어떤 것이 있을까요?

저는 스마트폰을 필요할 때만 들여다보지 습관적으로 보지는 않습니다. 카페에 가면 마주 앉아서 각자 스마트폰만 쳐다보는 이들을 심심치 않게 볼 수 있습니다. 저럴 거면 뭐 하러 만났는지 의문이 든다면, 제가 연식이 꽤 되었다는 걸까요?

그렇지만 저도 하루에 몇 번은 스마트폰의 마법 같은 매력에 푹 빠지는 시간이 있는데, 하나는 영상을 편집할 때이고 다른 하나는 부동산 관련 앱을 이용할 때입니다. 제가 어쩌다 영상 편집까지 하는지 가끔 깜짝 놀라기도 하지만, 하다 보면 꽤 재미있습니다. 제가 제 모습을 편집하는 그 시간이 '표영호TV'를 지탱하는 중요한 시간이라는 점만 말씀드리면서 제가 즐겨 보는 부동산 앱과 사이트 몇 가지를 소개하겠습니다.

손품으로 더 많은 정보 얻어내기

첫째, '네이버부동산'입니다. 아마 가장 많이 사용하지 않을까 싶은데, 스마트폰으로든 컴퓨터 모니터로 들어가든 가만히 들여다보면 네이버가 괜히 네이버가 아니라는 생각을 하곤 합니다. 부동산 백화점이라고 해도 전혀 문제가 없을 정도로 버라이어티하게 구성되어 있습니다. 공인중개사들에게 물어보면, 직방이나 다방에 광고하지 않는 분들은 있어도 네이버부동산에 광고하지 않는 분은 거의 없다고 합니다. 네이버부동산은 부동산 앱계의 프리미어리그 단골 우승 팀이라 할 수 있습니다.

네이버부동산의 최대 강점은 많은 매물을 확인할 수 있다는 것입니다. 어떤 지역에서 자신이 찾고자 하는 유형의 부동산을 검색하든 매매·전세·월세 매물을 단박에 찾아 한눈에 볼 수 있습니다. 상세 매물 필터를 활용하면 층수, 방 개수, 욕실 수, 융자금, 올 수리, 복층, 급매, 세 안고 등 물건의 세부 특성에 따른 검색이 가능합니다.

네이버부동산의 또 다른 강점은 '개발'에 관한 내용을 일목요연하게 볼 수 있다는 것입니다. 각 지역에는 저마다 호재들이 혼재하는데, 네이버부동산에 있는 '개발' 버튼을 클릭하면 철도, 도로, 신규 택지, 산업단지 조성 등 다양한 호재를 파악할 수 있습니다. 자신이 관심 있는 지역은 수시로 들어가 체크하면 소기의 성과를 얻을 수 있습니다.

둘째, '아파트실거래가'입니다. 보통 '아실'이라고 하는데, 제목 그대로 호가가 아니라 실거래가를 보여준다는 것을 메인 콘셉트로 내세워 현재 부동산 앱계의 1군에 당당히 진입한 강자입니다. 실거래가 정보는 아실에서는 기본으로 깔고 가는 기능이고, 학군지를 테마로 검색할 때 아실의 강점이 돋보입니다.

학군이 좋은 지역이라면 실수요자는 내 집 마련을 하고 싶은 지역이겠고, 투자로 매수하고 싶은 분들도 최고로 거론하는 후보지입니다. 한 지역 안에서도 학군이 좋은 지역에 있는 아파트의 가격이 가장 좋습니다. 그렇기에 아파트를 고른다면 어렵지 않게 좋은 학군지를 파악하는 것이 중요할 텐데, 이때 아실 사이트에 들어가 학군 버튼을 클릭하면 됩니다.

먼저 학군 수준이 표시되는데, 국가 수준 학업 성취도 평가 점수가 나오고, 특목고 진학 학생 숫자와 진학률도 무서울 정도로 확인이 가능합니다. 해당 지역에 있는 학원의 개수도 파악할 수 있습니다. 학업 성취도 점수가 높은데 학원 개수마저 해당 지역에서 상위권에 있다면 집값이 비싼 동네라고 보아도 무방합니다.

이렇게 앱이나 사이트를 이용해 해당 지역 학군 정보를 파악한다면, 직접 임장을 나갈 때 더 효과적으로 둘러볼 수 있습니다. 앱을 이용해 부동산 정보를 파악하고 공부하는 과정은 결국 임장으로 가는 중간 단계임을 잊지 말기 바랍니다.

또한 아실에는 '부동산스터디'라는 항목이 있습니다. 이곳에는 최근하락, 최고가, 최고상승, 가격변동, 가격비교, 여러단지비교, 매물증감, 많이산단지, 거래량, 갭투자, 매수심리, 공급물량, 미분양, 인구변화, 분양가비교, 학군비교, 대단지, 조회수, 월세수익, 모델하우스, 외지인투자, 커뮤니티, 상가통계, 토지통계라는 24개 항목이 있습니다. 이름 그대로 스터디한다 생각하고 시간 날 때마다 들어가서 살펴보면 많은 도움이 되리라고 봅니다.

셋째, 아실과 함께 사용하면 효과를 더욱 낼 수 있는 앱(사이트)으로 '부동산지인'이 있습니다. 주택을 매수하고자 한다면 관심 지역과 인근 지역에 어느 정도 수요가 있고 입주 상황은 어떤지 정확하게 알면 좋습니다. 입주 물량이 많은 지역이라면 전세를 놓기가 여의치 않아질 수 있고, 매도를 하고자 할 때도 물량이 많은지 적은지에 따라 접근이 달라져야 합니다. 즉 수요와 공급을 파악하고자 할 때 유용한 앱입니다.

'수요/입주 플러스' 항목에서 3개 도시나 지역의 입주 물량을 합쳐서 같이 볼 수 있게 되어 있습니다. 평균 수요까지 고려한 입주 물량도 파악할 수 있습니다. 세부적으로도 들어갈 수 있는데, 예를 들어 면적별 입주 물량도 파악할 수 있습니다. 아무래도 가장 수요가 많은 20~30평대 입주 물량이 궁금할 텐데, 일목요연하게 정리되어 있습니다.

넷째, 재건축과 재개발에 관심 있는 이들이 점점 늘어나는데, 부동산 정보의 기본 사항도 다 구비되어 있지만 특히 이 분야에 강점을 보이는 앱은 '리치고'입니다. 빅데이터를 표방하며 활동하는 앱인데, 재건축·재개발 정보가 잘 정리되어 있습니다. 재개발이 현재 어떤 단계에 와 있는지 알 수 있고 투자와 호재 등급에 대한 상세한 정보도 파악할 수 있습니다.

다섯째, 호갱노노, 부동산플래닛, 직방, 다방도 정보를 얻기에 매우 좋은 앱입니다. 그리고 좀더 깊이 있는 정보를 알 수 있는 사이트도 있는데, 교통 호재와 관련해서는 네이버부동산도 있지만 좀더 알고 싶다면 '미래철도DB'라는 사이트를 들어가보면 좋습니다. 어떤 분인지는 모르겠지만 개인이 운용하는 사이트인데, 철도 관련 정보가 많습니다.

부동산 공부에 도움을 주는 다양한 앱

입주 물량을 파악하는 것의 중요성은 이미 말씀드렸습니다. 아실이나 부동산지인 등에서 입주 지역의 물량을 파악할 수 있지만, 입주의 근원인 인허가물량을 알면 흐름을 파악하는 데 더욱 용이할 수 있습니다. 인허가는 주택을 착공하려고 미리 허가를 받는 행위입니다. 인허가에서 실제 입주까지 걸리는 시간은 3년 정도로 잡으면 되는데, '국가통계포털(KOSIS)'에 들어가면 인허가물량을 손쉽게 파악할 수 있습니다.

아파트는 관심 없고 단독주택이나 다가구주택, 상업용 건물을 알고 싶다면 '디스코'와 '밸류맵'이라는 앱을 추천합니다. 매물 정보, 실거래가, 공시지가, 용도지역, 국토계획, 건축물대장 등의 정보가 일목요연하게 모여 있습니다.

상가나 사무실 정보를 알고 싶다면 '네모'에 들어가보면 됩니다. 매출, 주거인구, 유동인구, 가구수, 사업자수 등의 데이터를 제공해 입지를 분석하는 데 도움을 받을 수 있습니다.

토지에 관심 있다면 '땅야'와 '랜드북'이 있습니다. 땅야는 토지의 실거래가를 확인할 수 있고 지목이나 용도, 거래연도, 가격대 등의 정보를 제공합니다. 랜드북은 토지 투자자나 건축주들이 보면 좋을 정보가 가득합니다.

이밖에 좀더 거시적 흐름을 파악하려면 '한국부동산원' 'KB부동산' '주택산업연구원' '국토연구원' '한국은행 경제통계시스템' '국토교통부'에 들어가는 것을 취미로 삼기를 권합니다. 이런 통계나 자료들은 처음에는 다소 낯설고 어렵게 느껴질 수 있지만, 자주 들어가서 자꾸 보다 보면 어느 순간 친근해지면서 눈이 밝아지는 경험을 할 수 있습니다.

『아주 작은 습관의 힘』『하루 10분의 기적』이라는 책이 있습니다. 이 책들은 공통적으로 매일 조금씩 하는 작은 일의 위대함을 논하고 있습니다. 100%, 1000% 동감합니다. 우리 모두 작은 습관들을 만들어봅시다.

임장은
어떻게 하는 게
좋은가요?

제가 현장에 갈 때마다 알아보고 인사하는 이들이 점점 늘고 있습니다. 연락도 안 하고 갑자기 공인중개사 사무소 문을 열고 들어가도 많은 소장님이 반겨주고 제 질문에 흔쾌히 대답합니다. 이게 다 여러분이 '표영호TV'를 사랑해주셔서 그렇다는 걸 잘 알고 있습니다.

저는 '답은 언제나 현장에 있다'는 신조로 채널을 만드는데, 옛말에 '백문이 불여일견'이라고 했습니다. 100번을 들어도 한 번을 보는 것보다 못 하다는 뜻이죠. 이 말을 부동산 분야로 적용한다면 이런 문장이 되지 않을까 싶습니다. '100번 검색해도 임장 한 번보다 못 하다.' 아무리 다른 사람 이야기를 듣고, 노트북을 열어 폭풍 검색을 한다고 해도 알고자 하는 현장으로 직접 가서 눈으로 보고 코로 맡고 두 발로 걸어보는 게 더 중요합니다.

그래서인지 저에게 "임장을 어떻게 하면 잘할 수 있을까요?"라고 묻는 이들이 꽤 있습니다. 제가 해본 임장 경험, 카메라 들고 적지 않은 현장을 누벼본 경험담을 여기에서 풀어놓겠습니다.

임장하는 방법 3가지

임장이라는 말은 『표준국어대사전』에 나오지 않습니다. 한자를 풀이하면 '현장에 임하다, 현장을 방문하다'는 정도의 뜻으로, 부동산 분야에서만 굳어져 내려오는 용어가 아닐까 합니다. 매수 목적이든 정보 확인 목적이든 어떤 부동산이나 주변의 다양한 정보를 확인하고자 현장을 방문해 조사하는 활동을 임장이라고 하겠습니다. 물론 현장을 방문하기 전에 미리 공부하고 가는 게 낫고, 피치 못할 사정만 없다면 사전에 최대한 많은 정보를 파악한 후 현장에 가는 게 훨씬 좋습니다. 그렇기에 임장은 크게 3가지 활동으로 나누어볼 수 있습니다.

첫째, 손으로 하는 임장입니다. 알고자 하는 지역의 부동산 정보를 인터넷이나 관련 사이트 등을 활용해 조사하는 활동입니다. 발품이 아닌 손품이라고 할 수 있지요. 인터넷이 지금처럼 활성화되기 전에는 하고 싶어도 하지 못했던 방식인데, 그런 점에서 지금은 노트북이나 스마트폰만 열어도 너무나 많은 정보가 가득합니다. 예를 들어 가고자 하는 곳이 A아파트라면 단지 규모나 공간 배치, 단지 주변의 인프라, 즉 교통, 상권, 학교 등에 대해 최대한 파악할 수 있습니다. 현재 올라와 있는 A아파트의 호가나 실거래가, 거래량, 전월세 시세 등도 얼마든지 조사할 수 있습니다.

둘째, 말로 하는 임장입니다. 가고자 하는 지역의 공인중개사 사무소에 전화로 문의하는 활동입니다. 연락처야 검색하면 수도 없이 나오니 임장 지역에서 가까운 곳에 있는 사무소에 전화를 걸어 문의하면 됩니다. 다만 너무 솔직하게 '여보세요? 제가 A아파트로 임장을 가려고 하는데, 아는 모든 정보를 주실래요?' 하는 식으로 접근하면 안 됩니다. 실제로 매수를 알아보는 사람인 것처럼 연기(?)를 하면 됩니다. 그렇게 하면 백이면 백 친절하게 응대해줍니다.

원래 고객과 그런 대화를 하라는 직업이 공인중개사 대표님, 실장님들입니다. 이러한 전화 임장 단계에서 전화 문의로만 궁금한 정보들을 파악하는 유형이 있고, 조금 더 적극적인 분들은 매물을 보러 가고 싶다면서 현장 동행까지 약속합니다. 당연히 후자가 혼자 임장을 가는 것보다 낫습니다.

셋째, 진짜 발로 하는 임장입니다. 임장이 어느 정도 좋은 결과를 가져오느냐는 얼마나 시간을 들이고 집중하느냐에 달려 있습니다. 공인중개사와 함께 임장하더라도 미리 도착해 해당 지역을 둘러보거나, 동행 임장을 마친 후 인근 지역의 인프라를 두루두루 살펴봐야 비로소 임장을 완료했다고 할 수 있습니다. 공인중개사와 함께할 때는 해당 매물을 들어가 살펴보는 것 외에 해당 아파트단지와 지역에 대해 최대한 많이 질문하는 것이 좋습니다. 그래야 인터넷으로 알게 된 정보를 뛰어넘는 생생한 정보를 얻을 수 있습니다.

임장에서 반드시 살펴야 할 것

혼자 임장할 때는 다음과 같은 점을 유념하면 좋습니다. 아파트단지라면 '동과 동 사이의 거리'를 눈으로 봐야 합니다. 아무리 인터넷 지도가 잘되어 있더라도 현장에서 직접 몸으로 느끼는 것과는 차이가 큽니다. 동 간 거리는 일조량이나 조망권 등을 알려는 것입니다.

다음은 '교통 환경'을 체험해봐야 합니다. 아파트단지에서 가장 가까운 지하철역까지 걸어서 몇 분이나 걸리는지 체크하는 것으로 역세권 여부를 알아보아야 합니다. 대개 지하철역까지 거리가 500m에서 1km 안에 들어오면 역세권으로 볼 수 있습니다. 또는 새롭게 지하철이 개통될 예정이라거나 도로가 뚫리는 등 교통 호재가 있는지 꼼꼼하게 알아봐야 합니다.

'교육 환경'도 알아봅니다. 초등학교까지 큰 도로를 건너지 않고 갈 수 있는 이른바 '초품아'이면 금상첨화입니다. 가까운 곳에 학원가가 형성되었는지 체크해보는 것도 중요합니다. 이밖에 아파트단지의 가치를 높여주는 다양한 요소를 발품 임장으로 확인해야 합니다.

임장에도 용기가 필요합니다

저는 임장할 때 차를 가지고 가서 해당 지역 주차장에 주차해놓고 걸어서 구석구석을 다닙니다. 이때 오랜 시간 걸어도 발이 아프지 않은 운동화는 필수입니다. 스마트폰을 수시로 꺼내 사진을 찍고, 동영상 촬영도 자주 합니다.

이동할 때는 예를 들어 호갱노노 어플을 열면 내 위치를 확인할 수 있고, 시세를 체크할 수 있고, 입주민이 들려주는 생생한 얘기도 볼 수 있습니다. 거리에서 만나는 입주민들과 자연스럽게 대화할 수 있다면 가장 좋습니다. 미리 약속하지 않았더라도 눈에 보이는 공인중개사 사무소에 들어가 문의해보는 용기를 내는 것이 좋습니다. 처음에는 뭔가 낯 뜨겁더라도 몇 번 하다 보면 익숙해집니다.

지금까지 아파트단지 등 주거용 부동산을 임장하는 방법만 말씀드렸는데, 상가 같은 상업용 부동산을 임장할 때도 별반 다를 건 없습니다. 다만, 상가는 유동인구와 낮과 저녁이나 밤의 모습이 다를 수밖에 없기에 최소 한 달 정도 다양한 시간대를 꾸준하게 체크해야 합니다.

임장은 손품, 말품, 발품으로 이루어져 있는데, 임장의 진정한 완성은 기록입니다. 임장으로 알아낸 사항들을 잘 적어야만 급변하는 부동산 시장에서 살아남을 수 있습니다. '임장을 다녀오면 기록하자! 그래야 산다!' 부동산은 적자생존입니다.

초보자가
경매를 해도
괜찮을까요?

'표영호TV' 사무실에는 다양한 사람이 찾아옵니다. 공식적인 일을 매개로 오는 이들이야 정확히 약속 시간을 정하고 미팅을 하지만, 지인들은 편할 때 알아서 오라는 식으로 흘러갈 때가 종종 있습니다. 그러다 보니 전혀 다른 분야에서 일하는 사람들이 저를 만나러 왔다는 이유로 한 공간에 모이게 되는 일이 꽤 있습니다.

몇 달 전에는 방송작가를 하는 형이 제 방문을 열었고, 잠시 후 부동산 경매를 전문으로 하는 부동산 분야의 지인이 들어왔습니다. 그는 자기 책이 출간되었다며 경매 전문 도서를 선물로 주었는데, 그 친구가 간 후 경매 책을 뒤적이던 방송작가 형의 표정이 썩 좋지 않

아 보였습니다. 그때 저는 바로 눈치를 챘습니다. '이 형이 경매에 대한 인식이 좋지 않구나.'

20대, 30대도 참여하는 경매의 역할

여러분은 경매라고 하면 어떤 장면이 떠오르나요? 미술에 조예가 있다면 고가의 미술품을 놓고 경매사가 열정적으로 손짓 발짓을 하고, 점잖게 앉아 있는 이들이 팻말을 드는 장면을 생각하겠지요. 회를 좋아한다면 새벽 노량진수산시장 경매장에서 알 수 없는 소리와 동작으로 빠르게 진행되는 경매 현장을 떠올리리라 생각합니다.

그에 비해 부동산 경매(이하 '경매')는 집안 곳곳에 붙은 빨간딱지들, 건달 같은 사람들이 폭력적인 방식으로 울며불며 매달리는 사람들을 강제로 끌고 나가는 장면이 떠오르는 이들이 많을 것입니다. 하지만 그런 장면들은 미디어에서 만들어낸 것에 불과합니다.

경매에 대한 부정적 인식은 많이 개선되었고 계속 나아지고 있습니다. 전국의 경매 법정 어디를 가더라도 20대, 30대 젊은이들이 열정적으로 경매에 참여하는 모습을 볼 수 있습니다. 여러분이 생각하는 이상으로 대한민국에서 지금 경매는 꽤 보편화되어 있습니다.

많은 이들이 은행의 대출상품을 이용해 돈을 빌립니다. 정해진 기간에 정해진 이자나 원금을 제대로만 내면 전혀 문제가 없지만 한

달 두 달 연체하게 되면서 갚지 못하는 상황이 오면 어떻게 될까요? 은행은 고객에게 빌려준 돈을 돌려받지 못해 손실이 발생하고, 은행에 투자한 이들도 피해를 보며, 연체하고 갚지 못하는 이들이 늘어나면 결국 은행은 무너지고 궁극적으로 국가 경제에 막심한 피해를 가져오게 됩니다. 다소 거칠게 정리한 면이 없잖지만 고객이 은행에 빌린 돈을 갚지 못하면 돈의 흐름이 막히게 됩니다. 국가가 이 지점에서 개입해 돈이 원활하게 흐르도록 조정하는데, 그렇게 해서 나온 제도가 바로 경매입니다.

경매는 돈을 빌려준 채권자와 돈을 빌린 채무자 사이에서 생긴 문제를 국가의 힘으로 해결하는 시스템입니다. 국가는 채무자가 소유하고 있는 집이나 자동차 등의 자산을 처분해 채권자에게 돌려주는 방법을 사용합니다. 법원에 올라온 채무자의 부동산을 누군가 구매하면 막혀 있던 돈의 흐름이 뚫리는 건데, 구매하고자 하는 사람들을 입찰자라 하고 그중 구매에 성공한 사람을 '낙찰자'라고 합니다.

경매는 어떻게 진행될까요?

경매의 전체 과정은 어떻게 구성되어 있을까요? 먼저, 경매를 시행하는 법원 처지에서 보면, 빌려준 돈을 받지 못한 은행으로 대표되는 채권자가 법원에 경매를 신청합니다. 법원은 '경매신청서'를 검토한 뒤 하자가 없으면 '경매개시결정'을 내립니다. 법원은 해당 부동산의 현황과 권리관계 등 전반적인 사항을 조사한 후 '매각물건 명세서'를 작성해 누구나 열람할 수 있게 합니다. 또한 감정평가기관에 의뢰해 해당 부동산의 가치를 평가한 뒤 최초 '경매시작가격'을 결정합니다.

다음은 채권자 등 모든 이해관계인에게 경매가 진행된다는 사실을 알리고, 최초 '매각기일'을 정한 뒤 입찰을 시행합니다. 입찰에 참여한 이들 중 낙찰자가 정해지면 경매는 종료 과정에 들어가고, 낙찰자가 나오지 않으면 가격을 내려 2차 입찰 절차를 밟습니다.

이 과정을 경매 입찰에 참여하는 투자자 시선으로 다시 구성하면 다음과 같습니다. 자금 계획이 서면 가장 먼저 해야 할 일은 손품, 즉 어떤 물건이 있는지 검색하는 것입니다. 대부분 인터넷에서 경매 물건을 알아보고 정보를 수집합니다. 마음에 드는 물건을 발견하면 등기부, 건축물대장, 현황조사서, 매각물건명세서 등을 꼼꼼하게 보면서 대략적인 권리분석을 합니다. 손품 다음은 발품입니다. 물건이 있는 현장으로 직접 가서 두루두루 보는 활동, 즉 임장을 해야 합니다. 교통, 편의시설, 시세 등을 살펴보고, 현재 거주 중인 사람이 있다면 어떤 사람인지 등을 파악하는 것이 마무리되면 입찰하러 경매법정으로 가야 합니다. 이때 얼마에 입찰할지 미리 정하고 법정에 가는 것을 추천합니다. 어느 정도 수익을 예상할 수 있는지 등을 점검한 후 입찰가를 정하면 됩니다. 경매 법정에 설치되어 있는 게시

판에는 당일 진행 예정인 경매사건번호들이 기재되어 있습니다. 자신이 참여하려는 물건이 예정대로 진행되는지 확인하면 됩니다.

문제가 없으면 매각물건명세서를 다시 한번 점검하고, 하자가 보이지 않으면 입찰표에 금액을 써서 제출하면 됩니다. 낙찰되면 법원은 2주에 걸쳐 여러 가지를 검토하고, 낙찰이 최종 결정되면 잔금을 납부하라는 연락이 옵니다. 그 후 2주간 채권자나 소유주 등으로부터 별다른 이의 제기가 없다면 등기가 바뀌게 됩니다. 소유자로 자기 이름이 등재되는 것입니다.

이제 남은 절차는 한 가지뿐인데, 바로 '명도' 과정입니다. 명도가 경매의 전 과정에서 가장 힘든 절차라고도 하는데, 살던 사람을 강제로 쫓아내는 미디어 장면의 영향이기도 합니다. 그렇지만 실제 상황에서는 강제집행을 하는 경우가 1~2%에 그치고 대개 이사비용 정도를 지원해주는 것으로 잘 마무리된다고 합니다. 그 후에는 소유자 마음 가는 대로 임차인을 구하거나 실거주를 하면 됩니다.

경매의 장점

경매에 대해 선입견이 있다면, 경매의 장점을 설명드리겠습니다.

첫째, 시세보다 저렴하게 구매할 수 있습니다. 아직 안 해본 사람은 있어도 한 번만 하는 사람은 없다는 경매의 가장 큰 매력입니다.

둘째, 대출의 힘을 극대화할 수 있습니다. 예를 들어 70%까지 대출이 가능한 지역에서 나온 경매 물건의 가격이 1억이라면, 원래는 7,000만 원까지 대출이 가능합니다. 그런데 경매로 2,000만 원 싸게 8,000만 원에 낙찰받았다면 가능한 대출 금액은 얼마가 될까요? 그대로 70%를 적용받아 7,000만 원입니다. 은행은 매매가에는 신경 쓰지 않으니 결국 1,000만 원으로 투자가 가능하다는 얘기입니다.

셋째, 권리분석에 대한 지식을 습득하게 됩니다. 경매로 나온 물건들은 기본적으로 여러 이해관계자가 얽혀 있습니다. 경매로 낙찰받을 경우 나에게 최종 어느 정도 수익률이 발생할지를 가늠하려면 권리분석을 할 수밖에 없습니다. 결국 경매에 참여해 내 자산을 지킬 수 있는 힘을 얻게 되는 것입니다.

어떻습니까? 부동산 경매, 이 정도면 도전해볼 만하지 않습니까? 아직도 고민이 되신다면, 서점을 가셔서 경매를 다룬 책 몇 권을 구매해 읽어보시기 바랍니다. 경매에 참여하는 절차를 다룬 책도 있고, 이른바 '나는 경매로 이렇게 돈을 벌었다' 유형의 책들도 있습니다. 너무 오래 전에 발간된 것만 아니면 두루두루 도움이 된다고 생각합니다. 더 중요한 게 있습니다. 가까운 경매 법정에 꼭 가보시기 바랍니다. 무엇이든 '백문이 불여일견'입니다.

부동산 공부를 하려면 마음을 강하게 먹고 자기 환경을 부동산으로 세팅해야 합니다. 첫째, 신문, 그것도 종이신문을 매일 보길 권합니다. 둘째, 부동산 관련 책을 읽길 권합니다. 셋째, 학원을 다니거나 유튜브 영상을 보며 공부하는 방법도 권합니다. 넷째, 공인중개사 자격증에 도전해보는 방법도 있습니다. 마지막으로, 현장 답사, 즉 임장을 해야 합니다.

부동산 앱과 사이트를 잘 활용하면 부동산 공부에 도움이 됩니다. 첫째, '네이버부동산'입니다. 둘째, '아파트실거래가(아실)'입니다. 셋째, 아실과 함께 사용하면 더욱 효과적인 앱(사이트)으로 '부동산지인'이 있습니다. 넷째, 재건축과 재개발에 강점을 보이는 앱은 '리치고'입니다. 다섯째, 호갱노노, 부동산플래닛, 직방, 다방도 매우 좋은 앱입니다.

임장은 크게 3가지 활동으로 나눠집니다. 첫째, 손으로 하는 임장입니다. 그 지역의 부동산 정보를 인터넷이나 관련 사이트 등을 활용해 조사하는 활동입니다. 둘째, 말로 하는 임장입니다. 그 지역의 공인중개사 사무소에 전화로 문의하는 활동입니다. 셋째, 진짜 발로 하는 임장입니다. 임장의 결과는 얼마나 시간을 들이고 집중하느냐에 달려 있습니다.

혼자 임장할 때는 다음과 같은 점을 유념하면 좋습니다. 아파트단지라면 '동과 동 사이의 거리'를 눈으로 직접 봐야 합니다. 아무리 인터넷 지도가 잘되어 있더라도 현장에서 직접 몸으로 느끼는 것과는 차이가 큽니다. 동 간 거리 확인은 일조량이나 조망권 등을 알기 위한 것입니다. 다음은 '교통 환경'을 체험해봐야 하고, '교육 환경'도 알아봐야 합니다.

경매는 돈을 빌려준 채권자와 돈을 빌린 채무자 사이에서 생긴 문제를 국가의 힘으로 해결하는 시스템입니다. 국가는 채무자가 소유하고 있는 집이나 자동차 등의 자산을 처분해 채권자에게 돌려주는 방법을 사용합니다. 법원에 올라온 채무자의 부동산을 누군가 구매하면 막혀 있던 돈의 흐름이 뚫리는 것입니다.

경매에 대한 부정적 인식은 많이 개선되었고 계속 나아지고 있습니다. 여러분이 생각하는 이상으로 지금 경매는 꽤 보편화되어 있습니다. 경매에 대한 선입견을 가지지 말고 경매의 장점도 생각해봐야 합니다. 첫째, 시세보다 저렴하게 구매할 수 있습니다. 둘째, 대출의 힘을 극대화할 수 있습니다. 셋째, 권리분석에 대한 지식을 습득하게 됩니다.

 집 마련 전 ─────────────────────

───────── 전세보증금 안전하게 지키기

대한민국에서 세입자로 살아간다는 건 결코 만만한 일이 아닙니다. 알아야 할 것들이 생겨나고, 챙겨야 할 것들이 점점 늘어납니다. 오죽하면 '전세'라는 평범한 단어 뒤에 '공포'와 관련된 뜻이 있는 무시무시한 영어 단어 '포비아(phobia)'가 따라오는 지경이 되었습니다. 대한민국에서 세입자 혹은 임차인으로 사는 분들은 대략 절반입니다. 두 사람 중 한 명은 임대차계약을 하게 됩니다. 결국 누구나 세입자가 되고 임차인이 되는 경험을 한다는 얘기입니다. 그렇기에 우리는 모두 '슬기로운 세입자'가 되어야 하는 운명을 지고 있습니다. 4장에는 이제 더는 당하거나 속지 않는 세입자가 되기 위해 장착해야 하는 최소한의 무기들에 관해 적어봤습니다. 아무쪼록 하나씩 하나씩 공부해서 행복한 세입자, 꿈을 꾸는 임차인이 되길 기원합니다.

전세제도와
전세자금대출이
한국에만 있다고요?

최근 '표영호TV'에는 댓글로 이런 질문을 하는 이들이 많습니다.

"전세에 대해 어떻게 생각하나요?"

"전세는 사라져야 한다는데 맞는 말인가요?"

"전세자금 대출에 대한 생각이 궁금합니다?"

재벌, 오빠, 먹방, 치맥, 대박, 한류… 세계적인 권위를 자랑하는 영국 '옥스퍼드 영어사전'에 등재된 한국어 단어들인데, 저는 '전세'라는 단어도 머지않아 등재되지 않을까 생각합니다. 요즘 'K'라는 단어를 붙이는 게 유행인 듯한데, 이러다 'K-전세'라는 말도 나올 것 같습니다. 저도 이 책에서 'K-전세'라는 말을 써보겠습니다.

전세제도는 어떻게 생겨났을까?

'전세'라는 단어 뒤에 '제도'라는 말을 붙여 전세제도라고 하는 게 맞는지 모르겠는데, 전세는 많은 나라에서는 좀처럼 찾아보기 힘든 대한민국 특유의 제도라고 합니다. 1970년대 경제성장기에 주택 가격이 서민이 감당할 수 있는 능력보다 훨씬 비싸고 수요가 공급보다 많은 상황에서 형성되었습니다.

해마다 국가경제가 성장하고 인구가 수도권에 집중되면서 무엇보다 주택 구매 수요가 많았는데, 당시는 주택금융 시스템이 제대로 갖춰지지 않았고, 대출 자체도 상당히 어려웠습니다. 누가 보아도 좋은 직장을 다니지 않으면 일반 사람들이 제도권 은행에서 목돈을 대출받는다는 건 거의 불가능에 가까웠습니다. 제가 어렸을 때 어르신들에게 귀에 못이 박히도록 들었던 말, '보증 서면 큰일 난다.' '보증 잘못 서면 패가망신한다'는 말이 유행했을 때가 바로 이때입니다.

집을 가진 임대인도 임차인에게서 매달 받는 월세나 사글세 정도로는 목돈을 만드는 데 한계가 있었습니다. 상황이 이러다 보니 집주인들이 주택을 구입하는 과정에서 돈이 좀 모자라면 세입자에게 큰돈을 받고 자기 집을 사용하게 하는 관습이 생겨난 것이 지금의 전세제도입니다.

전세보증금을 받고 집을 빌려주면 이자를 내지 않고도 은행에서 대출받은 효과를 냈습니다. 세입자에게 받은 전세금을 은행에 넣기만 해도 이자가 10% 이상 붙었습니다. 1998년 외환위기 이전에는 은행 이자에 따라오는 세금도 없었습니다. 전세를 구하는 이들도 지방에서 올라올 때 집이나 논, 밭 등을 팔고 심지어 소까지 팔아서 왔기 때문에 월세를 내면서 매달 쪼들리기보다는 목돈을 탁 맡기고 사는 게 오히려 마음 편할 수 있었습니다.

결국 전세라는 거래는 정부에서 정책적으로 도입한 제도가 아니라 집주인과 세입자 사이에 이해가 맞아떨어지면서 자연스럽게 생겨난 일종의 사적 금융제도라고 할 수 있습니다. 또한 문화이기도 해서 정책적으로 규제하거나 법으로 막을 수 있다고 생각하지 않습니다.

전세대출이 집값 상승의 촉매제?

전세와 관련해 오히려 제가 주목하는 지점은 바로 전세자금대출제도입니다. 전세대출이 처음 시작된 건 2008년 이명박 정부 때입니다. 대출 금액은 1억 원으로 출발해 곧 2억 원까지 가능해졌습니다. 시행 초기에는 주택금융공사의 보증으로 확실한 직장이 있는 무주택자 위주로 대출해줬는데, 문제는 이때부터 전셋값이 조금씩 상승하기 시작했다는 것입니다. 2013년 박근혜 정부가 출범한 뒤 서울보증보험 전세대출은 3억 원까지 올라갔고, 2015년 즈음에는 5억 원까지 확대되었습니다. 주택 보유자도 가능했고, 소득이 없어도 누구나 대출받을 수 있었습니다.

수요가 늘어나니 전세가가 상승하기 시작했고, 그다음 차례는 매매가 상승이었습니다. 집주인이 대출이 많이 잡혀 있어도 전세대출을 신청하면 전세보증금을 보장해주는 안심전세대출이라는 이름의 상품까지 나왔는데, 저는 전세사기의 씨앗이 이때 움트기 시작했다고 봅니다. 아파트를 매수하면서 대출을 받고, 거기에 전세를 놓으면 자기 돈은 거의 들어가지 않고도 아파트 투자가 가능한 시장이 되어버린 것입니다. 서민들의 안정적 주거 환경을 만드는 데는 전세대출이 너무나 좋은 제도이지만, 저는 전세자금대출로 아파트 가격이 급등했다고 봅니다.

2008년 즈음 서울 송파구 잠실 리센츠아파트가 입주를 시작했을 때 30평형대 전세가가 2억 원 정도였습니다. 그런데 2011년 33평형 전세가가 4억 5,000만 원 정도로 뛰어올랐습니다. 전세대출을 시작한 후 가격이 급등한 것입니다. 2014년에는 5억 중반 하던 전세가가 2015년에는 갑자기 8억을 넘깁니다. 그해 전세대출 가능 금액이 5억 원이 되었기 때문입니다. 그리고 10년이 지난 지금 리센츠 33평형의 전세가는 12억에서 13억 수준입니다.

또 다른 예를 들면, 지금은 너무도 유명해진 초대단지 아파트인 송파구의 헬리오시티의 경우 2019년 입주 당시 30평형대 전세가가 6억 원에서 시작했는데, 지금은 9억에서 10억 원입니다. 결국 전세제도가 집값 폭등의 가장 큰 원인인 것입니다. 초저금리가 대출을 좀 쉽게 만들어줬다면, 전세대출이라는 제도는 집값 상승의 촉매제 역할을 했다고 봅니다.

전세는 집주인과 세입자의 상호 채권채무관계

은행이 대출이라는 상품으로 막대한 이익을 창출하고 있다는 것은 잘 아시죠? 5대 은행 기준으로 현재 우리나라의 가계대출액은 1,100조가 넘습니다. 그중 주택담보대출이 550조로 최근 두 달 사이에만 약 10조가 또 증가했습니다. 그럼 전세대출 금액은 얼마일까요? 약 118조입니다.

은행들은 가장 확실한 집이라는 부동산을 담보로 이자놀이를 매우 안정적으로 하고 있습니다. 담보가 튼튼하면 이자는 좀 싸야 할 텐데, 과연 그렇다고 할 수 있을까요?

전세는 쉽게 말하면 일종의 사금융이라고 할 수 있습니다. 집을 담보로 개인 간에 대출해준 것이나 다름없습니다. 집주인에게 세입자가 무이자로 큰돈을 빌려주고 집주인은 큰돈을 빌린 대가로 내 집을 일정 기간 세입자가 들어가서 살게 하는 것, 현금과 현물의 일시적 맞교환에 따른 상호 채권채무관계라고 보면 정확하겠죠. 문제는 세입자가 준 목돈을 집주인이 써버렸을 때 발생하는데, 이 경우 전세사기가 나옵니다.

만약 전세대출제도가 없다면 임차인이 자신의 현금으로만 전세를 얻어야 하거나 아니면 반전세로 해서 월세를 조금 부담할 수 있겠지만 결국 전세가는 내려갈 거라고 봅니다. 그렇게 되면 집값도 지금보다는 더 내려가겠죠. 전세가격이 높아지면 주택가격이 상승하고 그러면 전세 호가가 올라가니 전세대출을 받아서 그 돈을 충당하는 일이 무한반복되면 결국 늘어나는 것은 자산이 아니라 빚입니다. 나중에는 은행 빚만 갚다 끝나는 안타까운 상황이 되겠죠.

전세제도는 부동산 거품의 신기루

이 지점에서 피어오르는 착시 현상도 있습니다. 전세가격이 자꾸만 높아지면 매매가격도 올라가지 않습니까? 그러면 전세가격이 이만큼인데 매매가격이 이만큼이야 하면서 왠지 비싸 보이지 않는, 거품이 없어 보이는 현상이 생기는데, 저는 이것을 부동산 거품의 신기루라고 합니다. 이러한 현상이 지금도 계속 되풀이되고 있습니다.

전세대출 통계를 보면, 서울 강남권은 10명 중 4명 정도가 대출을 받고, 마포구·용산구·성동구·광진구 같은 지역은 10명 중 7명 정도가 전세대출을 받습니다. 수도권은 거의 80%가 전세대출을 받는 것으로 나타났습니다. 이것이 무엇을 의미하겠습니까? 전세대출이 결국 집값을 밀어 올리고 거품을 더 키워 중산·서민층이 내 집 마련은 꿈도 못 꾸게 만드는 현실이 되었다는 얘기입니다.

저는 전세대출이라는 독특한 제도를 아예 없앨 수는 없겠지만 손은 좀 봐야 한다고 생각하는데, 그 이유는 크게 3가지입니다. 첫째, 집값 폭등을 막을 수 있습니다. 둘째, 집값 폭등을 막아 주거 불안을 해소할 수 있습니다. 자연스럽게 따라오는 결과죠. 셋째, 젊은 층도 서민층도 꿈을 잃지 않을 수 있습니다. 나도 집을 살 수 있다는 꿈 말입니다. 여러분도 공감하고 함께 고민해간다면 넷째, 다섯째 이유도 얼마든지 나올 수 있습니다.

요즘 집값이 꿈틀거리는 일부 지역이 있습니다. 주택담보대출도 10조 원 넘게 늘어났습니다. 여기서 만약에 집값이 더 뛰어오른다면 감당하지 못할 부동산 위기가 올 수 있습니다. 대한민국은 국내총생산(GDP) 대비 가계대출이 가장 많은 나라입니다. 어떤 이들은 미국의 집값을 거론하면서 우리나라는 아직도 집값이 싼 편이라고 하는데, 미국은 거의 대다수가 고정금리로 집을 사기 때문에 미국이 고금리라고 하더라도 우리보다는 어렵지 않게 집을 살 수 있습니다. 즉 미국은 우리와 비교 대상이 아닙니다.

전입신고와
확정일자는
왜 중요한가요?

'기본'이 중요하다는 건 누구나 알고 있습니다. 바둑을 배우려고 해도 '정석'을 먼저 알아야 합니다. 무협영화에서 부모님의 원수를 갚기 위해 무술을 배우고자 스승의 거처를 찾아가 배움을 요청하며 무릎을 꿇으면 단박에 허락받는 장면을 본 적이 없습니다. 스승은 문을 걸어 잠그고 있고, 무릎 꿇은 이는 비가 오나 눈이 오나 꼼짝하지 않고 그대로 있습니다. 결국 문이 열리는데 그의 앞에 던져지는 것은 빗자루입니다. 그리고 3년간 마당을 쓸고 걸레질을 하고 산에 올라 나무를 자르고 도끼로 땔감을 만드는 노동만 죽어라 하는데, 나중에 그렇게 했던 기본이 바로 무술의 탄탄한 기반이 되었음을 깨닫고 복수의 길을 떠난다는… 스토리 또한 무협영화의 기본입니다.

그렇다면 세입자는 무엇을 갖춰야 할까요? 바로 대항력인데, 대한민국 부동산 시장에서 기본적으로 약자의 위치에 있는 세입자가 장착해야 하는 기본인 대항력에 대해 알아보겠습니다.

임차인을 위한 보호망인 대항력

과거에는 세입자로 살아가던 어느 날, 집주인이 나가라고 하면 짐을 싸야 했습니다. 누구나 그랬다는 얘기는 아니지만 그만큼 세입자, 즉 임차인을 위한 우리 사회의 보호망은 제대로 갖춰지지 않았습니다. 지금은 이른바 '계약갱신청구권'이라는 권리가 생겨 세입자가 원하면 한 집에서 4년간 거주할 수 있지만, 계약 최장기간이 1년이었던 적이 있었고, 이것이 2년으로 늘어난 것은 1989년입니다.

세입자는 남의 집에서 거주하기에 외부 환경 변화에 자신을 지킬 수 있는 보호망을 갖춰야 합니다. 무엇보다 거액의 전세보증금을 남에게 무이자로 빌려준 셈이니 무슨 일이 있어도 그 돈은 지켜야 합니다. 예전에 세입자에게 힘이 없었던 것은 계약관계가 세입자와 집주인 간에만 존재했기 때문입니다. 양자 사이에 무슨 일이 생긴다 해도 자기 권리를 주장할 수 없었고, 집주인이 집을 다른 사람에게 팔고 새 집주인이 나타나 나가라고 해도 세입자는 저항할 수 없었습니다. 즉 제3자에게 맞서 싸울 대항력이 없었습니다.

그렇지만 이제는 '임대차보호법'이 생기고 몇 차례 법이 개정되면서 세입자가 집주인만이 아니라 제3자에게서도 자신을 방어할 수 있는 보호 장치, 즉 대항력을 장착할 수 있게 되었습니다. 다만 대항력은 '모든' 세입자가 아니라 '이러이러한 행동을 취한' 세입자에게만 주어집니다. 그렇기에 세입자가 이 험한 세상에서 든든하게 살아가려면 기본이 되는 행동을 해야 대항력을 갖춘 세입자가 될 수 있습니다.

대항력을 갖춰야 하는 이유

대항력은 임차인이 보호받을 수 있는 방어막을 뜻합니다. 임대차계약은 집주인인 임대인과 세입자인 임차인 사이에 맺는 일종의 약속입니다. 말뿐인 약속이 아닌 힘과 권위를 부여하는 약속이지요. '내가 이 집에 ○년 동안 사는 사람입니다!'라고 만방에 선포하는 것과 다름없습니다.

이렇게 하면 과거에는 계약 내용을 당사자들 사이에만 적용했지만 대항력을 갖추면 타인에게도 이 힘이 미칩니다. 집이 팔리거나 경매로 다른 사람에게 넘어가도 계약 내용은 그대로 존재합니다. 만에 하나 보증금을 돌려받지 못하는 상황에 놓여도, 새 집주인이 나가라고 해도 보증금을 받을 때까지는 나가지 않아도 됩니다. 이것이 바로 대항력의 위대한 힘입니다.

대항력을 갖추는 방법

그럼 대항력을 갖추려면 무엇을 해야 할까요? 대항력을 갖추는 데 필요한 행동 3종 세트가 있습니다.

첫째, 이사입니다. 임대차계약을 하면 기약한 날에 임차인은 주택을 인도받게 되는데, 이게 바로 이사, 즉 점유입니다. 이사 자체가 무엇이 중요하냐고 할 수도 있는데, 해당 집에 세입자의 몸이 들어오거나 짐이 들어오는 건 무척 중요하고도 필요한 행동입니다. 나가게 되지 않으려면 일단 들어와야 합니다.

둘째, 전입신고입니다. 이사 와서 앞으로 살아갈 집의 관할 행정복지센터에 가서 전입신고를 하면 됩니다. 또는 '정부24' 사이트에서도 전입신고를 할 수 있는데, 전입신고는 '이 동네로 이사 왔습니다. 주소를 변경해주세요'라고 공식적으로 요청하는 일입니다. 다만 전입신고를 하는 그 시간부터 바로 대항력이 생기는 것이 아니라 전입신고한 다음 날 0시부터 효력이 발생합니다.

그런데 전입신고한 시간부터 0시까지 몇 시간을 방심하다가 낭패보는 일들이 일어나고 있습니다. 일부 집주인이 자기 집을 담보로 임차인이 전입신고를 한 바로 그날 대출을 받는 것입니다. 대항력이 효력을 발휘하는 시간은 다음 날 0시부터니까 집주인에게 집을 담보로 대출해준 은행이 순서상 먼저가 됩니다. 나중에 집이 경매로 넘어가는 일이 생기면 해당 집에서 돈을 받아야 하는 사람들이 순서대로 줄을 서는데, 임차인은 은행보다 뒷줄에 서야 합니다. 자칫 자신의 소중한 전세보증금을 다 받지 못할 수도 있다는 얘기입니다. 그러니 전입신고한 그날 귀찮더라도 해당 집의 등기부를 꼭 떼어 보아야 합니다. 집주인이 담보대출을 받았는지 확인해야 하니까요.

셋째, 확정일자입니다. 전입신고가 나라는 사람이 이 동네의 이 집에 들어왔음을 알리는 행동이라면, 확정일자는 내가 이 집에 언제부터 들어왔다고 등록하는 행동입니다. 즉 확정일자는 임대차계약서가 특정 날짜에 존재했다는 사실을 증명하려고 만들어진 서류상의 날짜를 뜻합니다. 대항력을 갖추려면 전입신고만 해서는 안 되고, 확정일자까지 확실하게 받아야 합니다.

확정일자를 받는 방법은 전입신고와 마찬가지로 전혀 어렵지 않습니다. 인터넷으로도 할 수 있고, 주민센터를 방문해 임대차계약서를 주면서 확정일자를 요청하면 됩니다. 확정일자는 나중에 일어날 수도 있는 경매(공매) 과정에서 배당을 받는 데 필수조건입니다. 그러니 자신의 피 같은 전세보증금을 안전하게 지키려면 반드시 확정일자를 받아야 합니다.

다시 정리하면, 임차인이 대항력이라는 강력한 무기를 확보하려면 '이사, 전입신고, 확정일자'라는 3종 세트를 반드시 수행해야 합니다. 2021년부터 '주택임대차계약 신고제'가 시행 중인데, 임대차 계약을 하고 30일 이내에 계약 당사자가 임대 기간과 임대료 등을 신고하도록 의무화했습니다. 전입신고를 하면서 임대차계약서를 첨부하면 확정일자까지 같이 부여됩니다. 신고 방법은 계약 당사자 중 한 명이 주민센터에 가서 하거나 부동산거래관리시스템으로 하면 됩니다. 전월세 거래 관련 데이터를 확보해 임대차 시장을 좀더 투명하게 하려고 도입한 제도입니다.

전세사기로 피해를 본 분들의 고통은 지금도 계속되고 있습니다. 절대로 다시는 그런 일이 일어나서는 안 되며, 아무도 피해자가 되어서는 안 됩니다. 그러려면 임차인들이 두 눈 부릅뜨고 늘 확인하고 꼼꼼하게 따져야 합니다.

매매계약서, 전월세계약서를
잘 쓰려면
어떻게 해야 하나요?

글쓰기를 좋아하는 사람은 그다지 많지 않다고 봅니다. 글을 잘 쓰는 사람도 손에 꼽을 정도입니다. 많은 이들이 글을 잘 쓰는 건 고사하고 글쓰기를 힘들어합니다.

저는 작가도 아닌데 지금 글을 쓰고 있습니다. 이유가 뭘까요? 출판사와 출간 계약을 했기 때문입니다. 출간 제안을 받고 잠시 들떴었는지 덜컥 계약서에 도장을 찍었습니다. 하지만 너무 바빠져 계약 이행을 미루다 더 지체할 수 없는 절체절명의 시간이 다가왔기에 밤늦게까지 사무실에서 키보드를 두드리고 있습니다.

부동산 계약서 쓰는 법

누구라도 계약은 정말 잘해야 합니다. 책을 쓰는 일이야 제가 오로지 감당하면 되지만 부동산 계약은 자칫 잘못하면 자신은 물론 가족의 삶도 힘들게 할 수 있습니다. 그렇기에 계약서를 쓰는 날이 하루하루 다가올수록 다시 한번 점검하고 따져보아야 합니다.

공인중개사 사무소에서 진행하는 부동산 계약은 크게 매매계약, 전세계약, 월세계약, 이렇게 3가지가 있습니다. 매매계약과 전월세계약으로 더 크게 나눠도 됩니다. '반전세'로 계약하는 경우도 늘고 있지만, 이것도 크게 보면 전월세계약의 한 종류입니다. 매매나 전월세냐에 따라 계약서에 표기되는 호칭도 다릅니다. 매매계약을 할 때 집을 파는 사람은 매도인, 집을 사는 사람은 매수인이라고 합니다. 전월세계약을 할 때 세를 놓는 집주인은 임대인, 세를 얻는 세입자는 임차인이라고 합니다.

과거에는 프린트된 계약서에 임대인과 임차인이 각각 빈칸에 글을 썼지만 요즘은 보통 컴퓨터 모니터를 보며 키보드로 글을 채워놓고 꼼꼼히 체크한 뒤 문제가 없다고 양자가 합의하면 비로소 프린트하고 도장을 찍습니다. 물론 임대인이든 임차인이든 직접 손으로 글을 쓰는 게 편하다고 하면 빈 계약서를 프린트해서 줍니다. 어떤 방식으로 하든 계약서에 있는 각 항목이 무엇을 의미하는지 잘 파악한 후 빈칸을 채워야 합니다.

부동산 매매계약서의 맨 위에는 해당 부동산의 주소와 면적 등을 기입하는 '부동산의 표시' 항목이 있습니다. 그다음 항목은 '계약 내용'입니다. 제1조에서 제9조까지 계약 관련 규정들이 이미 인쇄되어 있으니 찬찬히 읽어보면 됩니다. 인쇄되어 있는 단락이니까 바꿀 수 있는 게 없다며 건너뛰면 안 됩니다. 조항 하나하나가 중요한 내용을 거론하니 꼼꼼하게 읽어보고, 모르겠다 싶은 내용은 바로 공인중개사에게 물어보아야 합니다.

제1조(목적) 바로 다음에는 매매대금 관련 칸이 있습니다. 매매대금과 계약금, 중도금, 잔금을 각각 얼마를 언제 지급한다는 내용을 쓸 수 있게 되어 있습니다. 매매대금은 해당 부동산의 총금액입니다. 계약금은 매매계약을 하겠다는 의미로 계약 전에 주고받는 금액인데, 관례상 전체 대금의 10% 정도로 책정합니다. 계약서를 쓰는 시점에는 이미 진행되었으니 계약서에 내용만 기재하면 됩니다.

중도금은 매매계약을 그대로 진행한다는 의미로 주고받는 금액입니다. 중도금을 얼마로 할지 정해진 것은 없습니다(총금액의 20~30%로 하는 이들이 많습니다). 중도금이라는 단계는 건너뛰어도 됩니다. 다만 중도금 절차를 진행하기로 하고 중도금을 주고받는다면 그 계약은 돌이킬 수 없음을 의미합니다. 잔금은 남은 금액입니다. 잔금까지 모든 상황이 마무리되면 계약 전체 과정이 종료됩니다.

다음 항목은 '특약사항'으로 비어 있는 공간입니다. 앞으로 발생할 수도 있는 시시비비를 예방하려면 가장 공들여 작업해야 하는 항목입니다. 부동산 관련 계약을 할 때는 자신이 법률가가 되었다고 생각하고 임하는 게 좋습니다. '설마 이런 걸 갖고 따지겠어?' '신경 쓰기 귀찮으니까 대충 언급해놓으면 별문제 없을 거야' '인상 좋아 보이는데 악덕 집주인 같지는 않아'라는 식으로 대충 넘어가면 안 됩니다. 남들에게 사소하게 보인다 싶은 일이라도 스스로 의문이 조금이라도 든다면 거론해서 매듭짓고 기록으로 꼭 남겨야 합니다.

특약사항도 꼼꼼히 체크하자

'한방'이라는 공인중개사협회 프로그램에서 아파트 매매계약서 항목을 생성시키면 기본형태의 특약사항이 제시됩니다. 그걸 보면서 양자 간에 합의하거나 수정하면서 진행하는 것이 보통입니다. 여기에도 그냥 넘어갔다가 나중에 후회할 만한 사항들이 있으니 꼼꼼히 체크하고 문의하고 진행해야 합니다.

예를 들어 이런 조항이 있습니다. '현 시설 상태에서의 매매계약이며, 등기사항증명서를 확인하고, 계약을 체결함.' 이 문장에서 중요한 부분은 '현 시설 상태에서'입니다. 잔금을 다 치르고 새 집주인으로 이사까지 했는데 생각지도 못한 하자가 발견될 수 있습니다. '집이 왜 이러나요?'라고 물으면 매도인은 이렇게 대답할 수 있습니다. '현 시설 상태로 계약하신 걸로 압니다만.' 이러면 매수인으로서는 할 말이 없게 됩니다. 이런 상황을 예방하려면 매수인이 확인한 날짜와 해당 날짜를 사진을 찍어 특약사항의 '현 시설 상태' 부분에 날짜를 첨부하면 됩니다.

전월세계약을 하는 세입자의 경우, 특약사항 부분을 더욱 꼼꼼하게 체크하고 넘어가야 합니다. 매매야 집의 소유권이 완전히 바뀌니까 새 집주인이 알아서 할 여지가 있지만, 세입자는 계약기간에 집을 잘 사용하고 고대로 돌려주어야 합니다. 따라서 나중에 시빗거리가 생기지 않게 예방해야 하는데, 이를 특약사항에서 할 수 있습니다. 예를 들어 이런 상황입니다.

많은 세입자가 전세대출을 일으켜 보증금에 보탭니다. 대개 집을 알아보고 마음에 드는 집이 나타나면 계약금을 보내고 대출을 받아 잔금을 납부합니다. 그런데 막상 대출이 진행되지 않는 상황에 놓일 수 있는데, 이 경우 임차인은 무척 난감한 처지가 됩니다. 임대인이 마음먹기에 따라 계약금을 날려버릴 수도 있으니까요. 그렇기에 특약사항을 잘 활용해야 하는데, 이런 문장을 넣겠다고 하면 됩니다. "임차인은 은행 대출로 잔금을 납부할 예정이다. 임차인의 과실 또는 변심이 아닌 은행의 대출 심사 결과로 대출이 성사가 안 되는 경우, 계약금 몰수 없이 계약은 해지되며, 임대인은 임차인에게 계약금을 반환한다."

반려동물도 임대인과 임차인의 대표적 갈등 사항입니다. 세입자가 반려동물과 함께하는 경우 미리 임대인에게 허락받는 것이 여러

모로 좋습니다. 작고 귀여운 강아지 한 마리라고 하기에 임대인이 웃으며 뭘 그런 것까지 특약사항에 적느냐고 해서 계약이 진행되었는데, 알고 보니 사납게 생긴 대형견이었다는 사례도 있습니다. 세입자가 아무리 "내게는 작고 귀여운 강아지 한 마리라고요!"라고 강변해도 소용없습니다. 특약사항이 괜히 있는 게 아닙니다.

인터넷도 검색하고 이 책 저 책 참고하며 여기까지 글을 이어왔습니다. 어느덧 날이 환하게 밝아왔네요. 둥근 해가 떴으니 자리에서 일어나지 않고 잠시 엎드려 눈 좀 붙여볼까 합니다. 몇 시간 후면 오늘도 저와 함께 재미있게 촬영하고 편집할 피디들이 출근합니다. 인생 후배이기도 한 그들에게 얘깃거리가 생겼습니다. "계약, 함부로 하면 안 된다."

전세와 월세,
어떤 게
더 좋을까요?

1990년대 MBC 예능 〈일요일일요일밤에〉에 2가지 선택의 기로에
서서 고민하다가 A의 길도 가보고 B의 길도 가보는 코믹 드라마 코
너가 있었습니다. "그래, 결심했어! A의 길로 가보는 거야!" "B의
길로 가보는 거야!" 하는 주인공의 대사가 유명했죠. 우리는 언제나
선택의 기로에 서게 되고, 그중 한 가지를 선택하면서 인생을 살아
갑니다. 어떤 선택을 하느냐에 따라 행운이 오기도 하고, 불행과 맞
닥뜨리기도 합니다.

물론 취향과 관련한 간단해 보이는 선택 사항들도 꽤 많은데, 대
표적인 질문은 이런 겁니다. "짜장면 먹을까? 짬뽕 먹을까?" 마찬가

지로 투자의 세계에도 수많은 선택의 기로에 서게 하는 상황이 있습니다. "주식 투자가 나을까? 부동산 투자가 나을까?" 부동산 분야로 좁히면 저한테도 많은 이들이 "전세가 좋을까요? 월세가 좋을까요?" 하고 묻습니다.

전세와 월세의 차이

여유가 조금이라도 있다면 한 번은 전세로 살아보고, 한 번은 월세로 살아볼 수도 있겠습니다. 저도 어쩌하다 보니 2가지 경험을 다 했습니다. 그래서 어떤 면에서는 제 경험까지 보태 전세와 월세에 대해 말씀드릴 수 있습니다.

전세와 월세 중 무엇이 좋을지 고민하는 분들의 경우, 자신이 어떤 상황에 있느냐에 따라 답이 달라집니다. 즉 임차인으로서 고민할 때와 임대인으로서 고민할 때가 다릅니다.

임차인으로서 선택의 기로에 서 있는 경우를 먼저 살펴보고자 하는데, 그 전에 전세가 무엇이고 월세가 무엇인지부터 설명하겠습니다. 우리나라에서 집을 구매하지 않고 일정 기간 빌려서 사용하는 방식에는 크게 2가지가 있습니다. 보증금을 적게 책정하고 매달 일정 금액을 내면 월세, 꽤 큰 액수를 보증금으로 내고 정해진 기간을 살면 전세입니다. 두 경우 모두 보증금은 계약기간이 종료되면 돌려받지요. 전세로 살다가 임대인이 보증금 인상을 요구했는데, 인상분을 한번에 주지 않고 매달 쪼개서 주는 '반전세'도 있지만, 그런 것도 있다는 정도만 알면 됩니다.

집을 내놓는 임대인이 부동산에 이렇게 말합니다.

"난 전세든 월세든 상관없어요. 월세로 하면 천에 50이고, 전세로하면 싸게 해서 1억으로 할게요."

여기서 보증금을 1,000만 원 내고 매달 50만 원을 내면서 사는 형태가 월세이고, 보증금을 1억 원 내고 매달 따로 내는 것이 없는 게 전세입니다. 2가지 중 어떤 게 더 나아보이나요?

상대적으로 주거비용에 더 부담을 느끼는 쪽은 월세입니다. 몇십만 원이 그다지 큰돈이 아닌 것 같아도 매달 꼬박꼬박 낸다는 건 쉽지 않습니다. 내는 사람에게 그날은 늘 빨리 돌아오기도 하고요. 게다가 매달 임대인에게 보내는 그 돈은 그야말로 다시는 돌아오지 않는, 사라져버리는 돈이기도 합니다. 계약기간이 종료되면 고스란히 돌려받게 되는 보증금의 존재를 생각하면 더더욱 아깝게 느껴지는 돈입니다.

그러니 전세로 하면 주거비용의 부담이 한결 줄어드는 것처럼 느껴집니다. 1억 원이 상당히 큰 액수이지만 어차피 나중에 고스란히 돌려받을 돈이고, 매달 꼬박꼬박 내야 하는 부담이 거의 제로가 되기 때문이지요(관리비가 있긴 하지요).

임차인의 고민

세세히 파고 들어가면 전세와 월세의 민낯이 드러나기에 요모조모 잘 따져봐아 합니다. 가령 집에 수리가 필요한 곳이 있을 수 있고, 도배를 깨끗하고 취향에 맞는 것으로 다시 하고 싶은 것도 인지상정입니다. 이때 그 비용을 누가 내느냐가 차이가 있습니다. 대개 월세는 임대인이 해주고, 전세는 임차인이 합니다. 이게 어느 정도 합의되어 있는 '국룰'입니다(물론 세부 사항으로 들어가면 결국 협의해야 하지요). 이렇게 보면 전세도 이것저것 비용이 들어가게 됩니다. 결국 전세와 월세는 각각 어떤 장점과 단점이 있는지 정리해볼 필요가 있습니다.

전세의 장점은 매달 지출하는 비용 부담이 적다는 것입니다. 계약기간에 고정 납부 금액에 대한 스트레스가 거의 없습니다.

월세의 장점은 거액의 보증금을 마련할 필요가 없다는 것입니다. 집수리 비용에 대한 스트레스도 거의 없습니다.

전세의 단점에는 어떤 것들이 있을까요? 거액의 보증금이 일정기간 내 돈이 아닙니다. 전세사기 위험, 즉 보증금을 돌려받지 못하는 상상하기 싫은 상황에 대비해야 합니다. 계약이 종료되면 원하지 않아도 이사 가야 하거나, 계속 거주하더라도 보증금을 추가로 부담해야 할 수도 있습니다('역전세'로 반대의 경우도 있습니다).

월세의 단점은 매달 꼬박꼬박 일정 금액을 부담해야 하는 것입니다. 전세와 마찬가지로 계약기간이 종료되면 원하지 않아도 이사 가야 할 수 있고, 월세가 인상될 수도 있습니다.

각각의 장점과 단점을 나열해보니 판단이 좀 서나요? 가장 중요한 건 자신의 상황입니다. 자신에게 어느 정도 자금이 있는지가 중요합니다. 또한 자신이 살아가는 환경에 따라 선택을 달리해야 합니다. 1인 가족인지, 부부만 사는지, 자녀가 있는지는 물론 직장의 위치도 봐야 하고, 일하는 형태나 기간 등은 어떠한지도 따져봐야 합니다.

전세보증금도 전액 자신의 자금인지 전세대출을 일으켜야 하는지에 따라 달라집니다. 대출을 받을 경우 대출 이자와 월세 금액을 비교해볼 필요가 있습니다. 자칫 임대인에게는 매달 안 내도 되는데 은행에 더 큰 금액을 매달 내야 할 수도 있습니다. 무엇보다 전세로 결정할 경우에는 전세보증금을 확실하게 지키는 방법들을 꼭 숙지하고 실행해야 합니다.

임대인의 고민

전세냐, 월세냐의 고민은 임대인도 마찬가지로 합니다. 임대인도 월세를 놓아 큰돈은 아니지만 매달 또박또박 월세를 받을지, 큰 금액을 한번에 받아 은행 이자를 받거나 다른 투자에 활용할 수 있게 전세를 놓을지 고민합니다.

임차인이 전세가 좋은지 월세가 좋은지 결정할 때 자신의 자금 상황과 생활 환경을 면밀하게 파악해보면 어느 정도 방향이 나올 것이라고 했는데, 이는 임대인도 마찬가지입니다. 임대인이 처한 자금 상황과 환경을 먼저 살펴보아야 합니다. 또한 부동산이 현재 상승기, 하락기, 조정기 중 어느 단계에 있는지도 보아야 합니다. 하락기로 넘어가는 상승기 끝물임을 보지 못하고 보증금을 인상했다가 역전세 상황이 와서 보증금을 돌려주지도 못하고 다음 세입자를 구하지도 못하는 일이 적지 않습니다. 임차인에게 다달이 인상분을 월세로 주면서 거주하게 하는 '역반전세'도 있습니다.

그러니 임대인이라면 자신의 자금 상황과 부동산 시장에 대한 판단이 필수입니다. 전세를 놓을 때 임차인과 잘 소통하며, 계약 종료 시기가 다가오면 서로 얘기하지 않는 '묵시적 갱신' 상황이 놓이지 말고 계약 연장 여부를 반드시 물어야 합니다.

'전세냐 월세냐'의 고민에서 결국 중요한 건 자신을 아는 것입니다. 자신이 처한 현재라는 이름의 상황과 미래에 대한 계획과 실현 여부에 대한 냉철한 판단입니다. 자신을 들여다보는 과정에서 답은 나올 것이라 생각합니다. 그리고 전세든 월세든 상대방이 존재하므로 소통이 중요하다는 건 당연하니, 굳이 강조하지 않겠습니다.

전세사기를
안 당하려면
어떻게 해야 할까요?

'전세'를 인터넷에서 검색하면 뒤에 따라오는 연관 검색어에 '포비아'가 있습니다. 전세 포비아, 전세 들어가는 게 '공포'인 세상이 되었습니다.

과거에는 '전세의 설움'으로 눈물을 흘렸다면, 지금은 전세사기로 피눈물을 흘립니다. 뒤늦게 사과를 하긴 했지만, 국민의 주거환경에 대한 총책임자인 국토교통부 장관이 전세사기 사태가 일어나자 '젊은 분들이 경험이 없다 보니 덜렁덜렁 계약해서'라고 들릴 수 있는 말을 했을 정도입니다.

세상은 어차피 각자도생입니다. 각자 알아서 자신을 챙기지 않으면 눈 뜨고 코 베입니다. 누구라도 대한민국에서 살아가는 한, 내 집을 마련하지 않는 이상 누군가의 집에 임차인으로 들어가 살아야 합니다. 그렇기에 전세사기를 당하지 않으려면 정신 똑바로 차리고 장착해야 할 쓸모 있는 무기들을 알아야 합니다.

전세를 알아보는 과정

전세를 알아보는 과정은 대개 네이버부동산이나 직방, 다방 같은 부동산 앱을 이용해 어떤 전세 물건들이 있는지 알아보는 게 첫 단계입니다. 물론 이 순서를 건너뛰고 전세를 얻고자 하는 지역에 가서 공인중개사 사무소들을 방문해 적당한 물건을 문의하기도 합니다. 아무튼 공인중개사와 만나 물건들을 추천받고 해당 물건들을 직접 방문해 눈으로 봅니다. 이 단계에서 미리 알아보고 가면 좋은 것이 공인중개사가 정식으로 등록해서 활동하는지 확인하는 겁니다. 이때 국토교통부에서 운영하는 브이월드의 부동산중개업 조회 서비스를 이용하면 됩니다.

이러한 과정을 거쳐 마음에 드는 물건을 정하면 집주인에게 계약금을 보내야 합니다. 이제부터가 정말 중요한데, 계약금이든 가계약금이든 돈을 집주인에게 보내면 이 과정에 발을 들여놓는 것을 뜻하기 때문입니다. 자칫 다른 더 좋은 물건을 발견했다거나, 전세를 들어가야 하는 상황에 변화가 생겼다거나, 단순히 마음이 바뀌었다면 계약금을 포기해야 합니다. 그러니 심사숙고한 후 계약금을 보내야 합니다.

계약금을 보내기 전에 확인할 것들

계약금을 보내기 전에 예비 임차인으로서 반드시 확인해야 하는 사항이 있습니다. 보내온 계좌가 정말 그 집의 주인 것이 맞는지 반드시 확인해야 합니다. 어떻게 확인하냐고요? 제대로 된 공인중개사라면 알아서 해주는 과정이지만 그래도 예비 임차인으로서 알고 있어야 합니다.

먼저, 등기부(등기사항전부증명서)에 나와 있는 소유주 이름이 계좌주 이름과 같아야 합니다. 즉 전세 계약의 기본 중 기본은 해당 집의 소유주와 계약하는 것입니다. 만약 실제 주인이 따로 있다고 얘기하거나, 계좌 주인은 집주인의 가족(지인)인데 사정이 있어서 그런 것이지 문제 될 일은 없다는 등의 얘기를 한다면 그 계약은 안 하는 것이 낫습니다.

만에 하나 계약을 진행하고 싶다면, 전세계약서 특약사항을 적는 자리에 관련 내용을 적기 바랍니다. 예를 들어 '타인 명의 계좌에 계약금을 송금하지만 이로써 사후 문제가 발생하면 계약금을 반환한다' 정도의 내용이면 됩니다. 만약 이렇게 적는 것조차 난색을 표한다면 곧바로 그 자리에서 일어서는 것이 낫습니다.

등기부에 나와 있는 소유주를 확인할 것을 얘기했는데, 등기부는 전세 계약 과정에서 여러 차례 떼어보고 확인해야 하는 중요한 문서입니다. 기본적으로 등기부는 어떤 의미의 문서이고, 어떤 내용이 나와 있는지 공부해두는 것이 좋습니다.

앞서 설명했듯이 등기부는 크게 표제부, 갑구, 을구로 나뉘어 있는데, 표제부는 부동산의 기본 내용, 갑구는 소유권, 을구는 소유권 이외의 사항을 적게 되어 있습니다. 그런데 갑구에 가처분, 근저당, 압류 등의 단어들이 보인다면 바로 긴장모드로 들어가고 해당 내용을 공인중개사에게 물어야 합니다. 주택에 대출이 들어 있지 않은 경우는 흔하지 않기 때문에 근저당이 잡혀 있다고 해서 무조건 피해야 하는 것은 아닙니다. 가압류, 압류, 근저당권 등에 해당하는 대출 금액을 자신이 내는 전세보증금과 비교해야 합니다. 시세 대비 60%가 넘어가는 금액이라면 해당 주택은 주의해야 합니다.

예비 임차인이 반드시 확인해야 하는 문서는 등기부 외에 전입세대확인서와 건축물대장도 있습니다. 전세로 들어가려는 집이 다가구주택이라면 무조건 이 문서들을 꼼꼼하게 살펴봐야 합니다. 자기보다 먼저 들어온 임차인들이 있으면 그들의 보증금 액수도 꼼꼼하게 확인해야 합니다. 그런 일이 일어나지 않으면 좋겠지만, 혹시 해당 집이 경매라도 넘어간다면 먼저 들어온 순서대로 보증금을 받기 때문입니다.

건축물대장을 확인해야 하는 이유는 해당 주택의 용도를 알 수 있고, 무엇보다 '위반건축물'인지를 알 수 있기 때문입니다. 위반건축물이면 전세자금을 대출받아야 할 때 진행이 안 될 수 있어 이사 일정에 심각한 차질이 생길 수 있습니다. 건축물대장은 정부24 사이트에서 누구나 열람할 수 있습니다.

계약서 쓸 때 조심할 사항

위 사항들을 다 확인하고 문제가 없을 경우 이제는 가장 중요한 단계인 계약서를 작성해야 합니다. 계약하는 날, 떨리는 마음으로 공인중개사 사무소에 도착합니다. 집주인인 임대인과 마주하게 되고, 공인중개사는 등기부, 건축물대장 등의 문서를 보여줍니다. 그동안 확인했던 것들과 다른 점들은 없는지 매의 눈으로 보아야 합니다. 임대인의 신분증도 확인을 요청해야 합니다.

대부분 자신의 전 재산(대출까지 포함된)을 처음 보는 임대인에게 맡기는 일생일대의 계약을 하는 순간입니다. 그러므로 계약 과정에서 조금이라도 의문이 들거나 이해가 가지 않는 점이 발견되면 꼭 짚고 넘어가야 합니다. 별일 없겠지 하고 도장을 찍으면 나중에 돌이키려고 해도 늦습니다. 임대인이 앞에 있어 여의치 않을 경우 공인중개사에게 잠시 나가자 해서 밖에서 문의해도 전혀 상관없다는 점을 명심하기 바랍니다.

이상이 없으면 계약서를 작성하게 되는데, 조금이라도 미심쩍은 사항들은 특약사항에 기록하도록 요청해야 합니다. 예를 들어 '잔금을 납부하고 며칠 안으로는 매매나 대출 등 새로운 근저당권을 설정하지 않는다, 전세보증금반환보증 가입 시 임대인이 협조한다' 같은 사항들입니다. 특히 새로운 근저당권 설정에 대한 사항은 이사하는 날까지도 신경 쓰고 등기부를 확인해야 합니다. 이사를 하고 전입신고를 하고 확정일자를 받는 바로 그날 근저당권이 설정되면 임차인이 순서에서 밀리게 되는 상황이 될 수 있기 때문에 임차인은 확인 또 확인해야 합니다.

계약하고 나면 한 달 이내에 해야 하는 것이 있습니다. 임대차 3법에 규정되어 있는 전월세신고제 관련 사항인데, 전세보증금이 6,000만 원이 넘어가거나 월세의 경우 30만 원이 넘어가는 계약을 했다면 신고해야 합니다. 온라인으로도 할 수 있고, 임대인도 할 수 있고, 공인중개사에게 위임할 수도 있지만 임차인이 부지런하게 움직이는 것이 속 편할 수 있습니다.

또한 전세보증보험도 반드시 챙겨야 합니다. 임대인의 동의 없이도 전세보증보험에 가입할 수 있으니, 미리 관련 사항을 알아보고 움직이는 것이 낫습니다.

이렇게 전세계약을 무사히 했으면 잘 살아가면서 계약이 종료되어 이사 가야 하는 상황이 되었을 때, 소중한 전세보증금을 무사히 돌려받으면 됩니다. 하지만 우리가 살아가는 현실은 그렇지 못한 상황이 언제 자신에게 닥쳐올지 모르니, 이 부분도 미리 준비를 단단히 해야 합니다.

전세사기를 잘 칠 수 있게 만든 사회 시스템에 분노를 느끼고 제도 개선을 요구해야겠지만, 더욱 중요한 것은 스스로를 지킬 수 있는 무기들을 튼튼하게 갖추는 것입니다. 우리 모두 이 험한 세상에서 강하게 살아남아야 합니다!

좋은 공인중개사는
어떻게
판별할 수 있나요?

누구든 주택을 구매하거나 전월세를 알아보려면 공인중개사 사무소 문을 열고 들어가야 합니다. 우리의 삶과 떼려야 뗄 수 없는 부동산 시장에 참여하는 한 공인중개사와 반드시 만나야 하는데, 그래서인 지 적지 않은 이들이 저에게 이렇게 묻곤 합니다.

"공인중개사 사무소가 너무 많은데 어떤 곳을 들어가야 후회하지 않을 선택을 할까요?"

"전세사기 관련 뉴스를 보면 공인중개사도 깊이 관련되어 있는 경우가 적지 않더라고요. 어떻게 해야 좋은 공인중개사인지 판별할 수 있을까요?"

좋은 공인중개사를 만나기! 부동산 소비자로서는 충분히 고민할 문제입니다. 저도 살면서 꽤 많은 공인중개사를 만났는데, 그 과정에서 깨달은 이야기들, 다른 전문가들에게서 들은 이야기들을 여기에서 정리했습니다.

공인중개사 사무소와 중개인사무소

부동산 시장에서 공인중개사의 역할은 정말 중요합니다. 공인중개사는 어떤 분들입니까? 「공인중개사법」에 따라 자격을 취득한 자로, 의뢰를 받아 일정한 수수료를 받고 부동산에 관한 중개를 전문으로 할 수 있는 자를 의미한다고 되어 있습니다. 이렇게 자격을 취득한 이들이 사무실을 열고 있습니다.

좋은 공인중개사를 만나려면 먼저 사무실 간판부터 유심히 보기 바랍니다. 걷다가 또는 버스를 타고 가다가 아파트단지 앞 버스정류장에 도착했을 때 밖을 보면, 한 집 건너 나란히 있는 공인중개사 사무소들의 간판을 볼 텐데, 혹시 다른 업종의 간판들과 뭔가 다르다는 생각을 안 해보았나요? 대표의 이름이 표시되어 있는 간판이 꽤 많죠. 공인중개사법에서 간판에는 이렇게 표기해야 한다고 정해놓았는데, 대표자 이름과 대표자 공인중개사 자격증 유무를 표시해야 합니다.

그래서 공인중개사 자격증을 보유한 대표가 운영하는 사무소는 간판에 '○○공인중개사사무소, 대표 ○○○'라고 되어 있습니다. 간혹 '○○부동산'이나 '○○중개인사무소' 등으로 표기되어 있는 간판이 있는데, 이런 곳은 공인중개사 자격증이 없는 대표가 운영하는 사무소라는 뜻입니다. 그런데 자격증 없이 공인중개사 사무소를 운영해도 되나요?

　　대한민국에서 매년 10월의 마지막 날에는 가수 이용의 〈잊혀진 계절〉이 쉼 없이 들리는데, 매년 10월의 마지막 토요일에는 공인중개사 자격증 시험이 전국적으로 시행됩니다. 공인중개사 시험은 수능·공무원시험과 함께 3대 국민고시라고 할 정도로 많은 사람이 응시하는데, 예년에 비해 적게 봤다는 2023년 10월에 치러진 34회 시험에도 20여 만 명이 응시했습니다. 제1회 시험은 1989년에 치러졌습니다.

　　그런데 공인중개사 자격증 제도가 생기기 이전에도 부동산을 소개하고 연결해주는 분들은 엄연히 있었습니다. 바로 복덕방입니다. 1989년부터 국가공인 자격증 제도를 시행했는데, 그동안 부동산 시장에서 일해온 이들을 나 몰라라 할 수 없으니 그분들은 해오던 대로 영업은 하되 국가 공인 자격증이 있다고 하면 안 된다고 한 것입니다. 이 점을 참고하면 됩니다.

공인중개사 사무소에서 확인할 것들

매물을 찾든, 전세나 월세를 알아보든, 상가 자리를 물색하든, 집을 내놓든 일단 공인중개사를 만나서 얘기해야 하는데, 어떤 이들과 거래해야 믿을 수 있을까요?

먼저, 물건을 찾는 사람 편에서 생각해보겠습니다.

첫째, 해당 지역에서 최대한 오랜 기간 영업해온 공인중개사 사무소를 찾기 바랍니다. 그런 이들은 그 지역의 역사를 꿰뚫을 테고, 한 지역에서 오래 영업했다는 건 상대적으로 많은 물건을 보유했을 가능성이 크다는 얘깁니다.

둘째, 사무실 벽면에 중개사무소등록증, 중개보수·실비의 요율 및 한도액표, 공인중개사자격증, 공제증서, 사업자등록증 등이 액자 형태로, 원본으로 부착되어 있어야 합니다. 이건 기본 중 기본이니까 사무실에 들어가면 꼭 확인해야 합니다. 제대로 된 중개사라면 손님이 들어와서 둘러본다고 해서 뭐라고 하지 않습니다.

셋째, 부동산 플랫폼에 물건을 많이 올려놓은 곳도 믿을 만하다고 판단하면 됩니다. 광고를 열심히 한다는 건 그만큼 열정적으로 영업을 한다는 뜻이기 때문입니다.

이번에는 매도하는 쪽에서 살펴보겠습니다.

부동산 상승기와 하락기가 차이가 있을 수 있지만, 최대한 여러 공인중개사 사무소에 매물을 내놓는 것이 좋습니다. 무엇보다 경기가 좋지 않은 부동산 하락기라면 여러 곳에 내놓아도 뭐라 할 사람이 없습니다. 이왕 팔고자 내놓는데 발품을 좀 팔아 자기 동네만 내놓지 말고 다른 지역에도 적극 내놓는 것이 좋습니다. 한 동네에서만 이사하는 건 아니니까요. 물론 집주인이라면 그 집에 들어올 때 거래했던 공인중개사가 있을 텐데, 그분에게 가장 먼저 알리고 양해를 구한 후 다른 곳에도 내놓으면 뭐라 하지 않습니다. 만약에 섭섭해한다면 그 사람의 마인드가 잘못된 것입니다.

매도인이 하는 행동에 대한 반응으로 거래를 계속해도 괜찮은 공인중개사인지 아닌지 판단할 수도 있습니다. 물건을 여러 곳에 내놓아도 결국 한곳에서 성사될 텐데, 매도인은 성사를 시키지 못한 다른 공인중개사들에게 거래가 성사되었다고 최대한 빨리 알려주는 게 상도입니다. 문자나 카톡으로 알리면 되겠지요. 그러면 '축하드립니다. 저희가 더 신경 썼어야 하는데요'라고 답을 주는 이들이 있고, 아예 답이 없거나 '네' 정도만 보내오는 이들도 있습니다. 과연 어떤 이들과 계속 거래하는 게 좋을지는 굳이 얘기하지 않아도 알 것입니다.

답은 현장에 있습니다

어떤 전문가는 블로그 등 SNS를 열심히 하는 공인중개사라면 믿을 만하다고 하는데, 저는 꼭 그렇지만은 않다고 봅니다. 한 동네에서 수십여 년 잔뼈가 굵었다면 오히려 아날로그 영업이 옳다고 생각하는 이들이 꽤 되거든요. 물론 트렌드는 점점 SNS 활동으로 자신을 알리고 영업을 해나가는 방향으로 가고 있습니다. 어떤 분야든 세대교체는 일어나는 것이니까요. 그래도 저는 두 유형의 공인중개사가 있다면 오래한 이들을 먼저 찾아가겠습니다.

물건을 찾는 소비자가 조심해야 하는 사항이 한 가지 더 있습니다. 부동산의 답은 늘 현장에 있습니다. 물건을 알아보는데 직접 가서 찾지 않고 전화를 걸어서 문의만 하는 행위는 하지 않는 게 좋습니다. 처지를 바꿔 여러분이 공인중개사인데 누군가 전화해서 물건을 묻기만 하고 방문 약속을 잡지 않는다면 어떻겠습니까? 경쟁업체의 염탐이 아닌지 의심할 수 있습니다.

그러니 물건을 알아보려면 반드시 현장에 있는 공인중개사를 만나서 문의해야 합니다. 공인중개사를 직접 대면하고, 자신이 정말로 물건을 찾고 있고, 마음에 드는 물건이 나타나면 가계약금을 입금할 준비가 되어 있다는 자세를 보여주어야 합니다. 혹시 압니까? 공인중개사가 이런 멘트를 할지. "마침 오전 일찍 급매물이 하나 들어온 게 있는데…."

공인중개사들도 상대방이 보여주는 진정성에 끌리는 사람이라는 점을 명심해야 합니다.

전세는 쉽게 말하면 일종의 사금융이라고 할 수 있습니다. 집을 담보로 개인 간에 대출해준 것이나 다름없습니다. 집주인에게 세입자가 무이자로 큰돈을 빌려주고 집주인은 큰돈을 빌린 대가로 내 집을 일정 기간 세입자가 들어가서 살게 하는 것, 현금과 현물의 일시적 맞교환에 따른 상호 채권채무관계라고 보면 정확하겠죠.

이제는 '임대차보호법'이 생기고 몇 차례 법이 개정되면서 세입자가 집주인만이 아니라 제3자에게서도 자신을 방어할 수 있는 보호 장치, 즉 대항력을 장착할 수 있게 되었습니다. 다만, 대항력은 '모든' 세입자가 아니라 '이러이러한 행동을 취한' 세입자에게만 주어집니다. 그렇기에 기본이 되는 행동을 해야 대항력을 갖춘 세입자가 될 수 있습니다.

부동산 관련 계약을 할 때는 자신이 법률가가 되었다고 생각하고 임하는 게 좋습니다. '설마 이런 걸 갖고 따지겠어?' '신경 쓰기 귀찮으니까 대충 언급해놓으면 별문제 없을 거야' 식으로 대충 넘어가면 안 됩니다. 남들에게 사소하게 보인다 싶은 일이라도 스스로 의문이 조금이라도 든다면 거론해서 매듭짓고 기록으로 남겨야 합니다.

전세와 월세 사이의 판단에서 가장 중요한 건 자신의 상황입니다. 자신에게 어느 정도 자금이 있는지가 중요합니다. 또한 자신이 살아가는 환경에 따라 선택을 달리해야 합니다. 1인 가족인지, 부부만 사는지, 자녀가 있는지는 물론 직장의 위치도 봐야 하고, 일하는 형태나 기간 등은 어떠한지도 따져봐야 합니다.

공인중개사 사무실에서 집주인(임대인)과 마주한 계약 과정에서 조금이라도 의문이 들거나 이해가 가지 않는 점이 발견되면 꼭 짚고 넘어가야 합니다. 별일 없겠지 하고 도장을 찍으면 나중에 돌이키려고 해도 늦습니다. 임대인이 앞에 있어 여의치 않을 경우 공인중개사에게 잠시 나가자 해서 밖에서 문의해도 전혀 상관없다는 점을 명심하기 바랍니다.

물건을 찾는 사람 기준에서 볼 때 좋은 공인중개사의 조건은 다음과 같습니다. 첫째, 해당 지역에서 최대한 오랜 기간 영업해온 곳입니다. 둘째, 중개사무소등록증, 요율 및 한도액표, 공인중개사자격증, 공제증서, 사업자등록증 등이 원본으로 부착되어 있어야 합니다. 셋째, 부동산 플랫폼에 물건을 많이 올려놓은 곳도 믿을 만하다고 판단하면 됩니다.

 대한민국 부동산의 역사에서 ──────

CHAPTER

5

통찰과 교훈 얻기

5장은 제가 부동산을 공부하면서 그때그때 뇌리를 스치는 궁금한 것들을 틈틈이 조사하면서 알게 된 내용들을 공유하는 자리입니다. 실물자산인 금의 가격이 가파르게 치솟고 있는데, 사람이 살아가면서 중요한 '금'들은 골드 금 외에도 더 있습니다. 섭취하는 데 없으면 안 되는 '소금'이 있고, 과거는 지나갔고 미래는 오지 않았으니 가장 중요한 건 '지금'이지요. 하지만 황금보다 소금보다 지금보다 제가 더 소중히 여기는 가치는 바로 '궁금'입니다. 궁금하지 않으면 그 사람은 살아 있는 게 아니라고 생각합니다. 다만 궁금해하기만 하면 안 됩니다. 궁금함을 풀기 위해 노력하는 자세가 무척 중요하다고 생각하는데, 저도 항상 이런 삶의 태도를 계속 유지하기 위해 노력하겠습니다.

아파트는
언제부터
생겼나요?

사람이 살아가는 데 필요한 의식주 중에서 '주'는 간단히 말해 부동 산이지요. 점점 아파트가 늘어남을 반영하듯 만나는 이들에게 "어떤 형태의 집에 사시나요?"라고 물으면 열에 아홉이 아파트에서 산다 고 합니다.

문득 '이렇게 많은 사람이 살고 있는 아파트는 언제 이렇게 많이 늘어났지? 그런데 우리나라에서 아파트는 도대체 언제 생겨났지? 왜 굳이 아파트라는 형태로 당시에 지어졌지?' 식으로 꼬리에 꼬리 를 물고 궁금증들이 솟아나와 틈날 때마다 이런저런 자료를 찾아보 았습니다.

우리나라 아파트의 역사

생각해보면 1970년이라는 시기는 아주 오래전도 아닙니다. 50년 정도밖에 안 되었죠. 1970년에 우리나라에 있는 전체 주택 중 단독주택이 차지하는 비율은 무려 95.3%였습니다. 집 100채 가운데 95개가 단독주택이었습니다. 총 415만 4,902호였고요. 그럼 나머지인 4.7%가 아파트였을까요? 아닙니다. 아파트는 0.77%에 불과했습니다. 그렇다면 50년이 흐른 2020년에 이 수치들은 어떻게 바뀌었을까요? 0.77%였던 아파트는 62.9%로 수직상승했고, 95.3%를 자랑하던 단독주택은 21%로 찌그러들었습니다. 그야말로 상전벽해입니다.

그럼 아파트는 언제 처음 생겨났을까요? 건축법 규정에 따르면 아파트는 5층 이상의 공동주택을 말합니다. 이렇게 보면 대한민국, 아니 우리나라에서 건축된 최초의 아파트는 '충정아파트'입니다. 일제강점기였던 1938년 서울 충정로에 세워졌습니다. 이보다 앞선 1930년에 일본의 미쿠니상사가 주재원들 숙소로 지은 '미쿠니아파트'가 있지만 일종의 기숙사이기에 본격적인 아파트를 말한다면 충정아파트를 최초로 보는 게 맞습니다. 충정아파트는 재개발되면서 역사 속으로 사라졌습니다.

해방 이후 한국인의 손으로 지은 최초의 아파트는 1959년 서울 성북구 종암동 언덕에 들어선 '종암아파트'입니다. 처음으로 '아파트먼트'라는 이름을 붙였고, 처음으로 수세식 화장실을 설치한 아파트입니다. 이를 시작으로 서울에는 아파트들이 속속 건설되는데, 가장 먼저 주목해야 하는 아파트는 1961년 착공해 1962년에 1차 완공을 하고 1964년에 2차 완공을 한 마포아파트입니다. 대한민국 최초의 아파트단지입니다.

1965년 동대문아파트와 정동아파트가 세워졌고, 1967년에는 최초의 주상복합아파트라 할 세운상가가 모습을 드러냈으며, 1968년에는 낙원상가가 우뚝 섭니다. 1970년에는 부실공사로 무너진 와우아파트가 있었고, 1971년 이촌동 한강맨션을 거쳐 여의도에 시범아파트가 세워지는데, 이는 본격적으로 민간 고층 아파트 시대가 왔음을 알렸습니다.

서울·수도권 지역을 중심으로 아파트 건설의 커다란 흐름을 보고 있으면 묘한 기분이 들기도 하는데, 대규모 아파트단지가 만들어지는 지역을 따라가다 보면 서울에서 사는 사람들이 마치 유랑민처럼 이곳에서 저곳으로, 또 더 먼 곳으로 흘러가는 장면이 떠오르기 때문입니다.

아파트촌이라고 할 대규모 단지들의 시작점은 아무래도 한강변이었습니다. 한강 북쪽인 동부이촌동에 한강맨션아파트, 공무원아파트가 생겨났는데, 30평이 넘는 넓고 쾌적한 아파트였습니다. 하지만 그 지역에는 아파트를 더 지을 택지가 부족해졌기에 강을 건너 여의도에 아파트가 들어섰습니다. 당시 서울에서 땅값이 싼 곳은 단연 강남이었는데, 그 시작은 한강 바람에 모래먼지가 날리기 일쑤고 교통이 불편한 지역인 반포였습니다.

입주자를 모집하는 데 무진 애를 먹었지만, 강남개발은 대대적인 국가 시책이었기에 민간 건설사들이 뛰어들어 아파트 건설에 앞장섰습니다. 1975년 현대건설이 한강 공유수면을 매립해 압구정 현대아파트를 짓기 시작했고, 한신공영도 1976년부터 거대한 아파트단지를 조성했는데 이것이 신반포가 됩니다.

아파트가 지어지는 지역은 도심에서 점점 멀어졌습니다. 당시만 해도 섬이었던 잠실을 매립해 조성한 땅에 주공아파트 단지가 만들어졌습니다. 강남은 점점 넓어졌고 곳곳에 아파트단지들이 들어서면서 택지가 부족하기 시작했습니다. 아파트 개발의 시선은 사당역에서 남태령고개를 넘어가면 펼쳐지는 과천으로 닿았고, 서울에 남아 있던 그린벨트를 풀며 개포동과 고덕동 일대도 아파트로 채워졌습니다.

그래도 서울로 서울로 전국 각지에서 들어오는 사람들을 살게 할 주택이 부족한 문제는 해소되지 않았습니다. 서울의 택지는 목동과 상계동 일대로 넓어졌고, 급기야는 1990년대 들어 서울 외곽지역에 신도시를 건설하게 되었습니다. 우리 모두 잘 알고 있는 분당, 일산, 평촌, 중동, 산본 등의 1기 신도시입니다. 서울은 마지막 개발지역이라고 한 마곡지구도 개발되었고, 서울 외곽에서는 2기 신도시에 이어 3기 신도시까지 발표되어 진행되고 있습니다.

아파트의 세대별 특징

아파트의 역사를 간략하게 정리해봤는데, 건설되어온 아파트들의 특징을 편의상 1세대, 2세대, 3세대 등으로 나누어 그 내용을 살펴보겠습니다.

첫째, 초기에 건축된 1970년대에서 1기 신도시가 나오기 직전인 1990년대 초반까지 만들어진 1세대 아파트입니다. 이 시기에 지어진 아파트들은 획일적인 디자인에 일명 '성냥갑 아파트'로 표현할 수 있습니다. 제가 한창 여의도에서 일할 때 걷다가 본 아파트는 무척 고가였지만, 경비 아저씨들이 주차된 차들을 빼느라 하루 종일 전쟁하는 모습이었습니다. 지하주차장이 없다는 얘기지요. 예를 들어 반포주공아파트는 저층 아파트였고 엘리베이터도 없었습니다. 내부 구조도 평면적이었습니다. 하지만 세월이 약인지 이 시기에 지어진 아파트들은 지금 재건축 이슈로 한창 뜨겁고, 진행이 잘된 지역들은 이미 상전벽해를 이루었습니다.

둘째, 2세대 아파트입니다. 1990년대 중반에서 2000년대까지 지어진 아파트들로, 일산과 분당으로 대표되는 1기 신도시의 아파트를 떠올리면 됩니다. 15층에서 20층 사이로 지어졌고, 지하주차장도 배치되었습니다. 지금의 눈높이로 보면 지하주차장에서 엘리베이터로 집까지 바로 연결되지 못하는 아쉬움이 있지만 단지에 따라 조경과 초보적 수준의 커뮤니티가 존재합니다. 아파트의 이름에는 건설사이름이 들어갔습니다. 삼성아파트, LG아파트, 태영아파트 같은 식의 이름이죠.

셋째, 3세대 아파트입니다. 2000년대 중후반에서 2010년대에 건설된 아파트입니다. 당시 저에게 '아파트가 이렇게 지어질 수도 있구나' '단지 안에 이런 시설이 들어올 수도 있구나' 하는 탄성을 자아내게 했던 아파트들입니다. 아파트 이름이 아닌 '브랜드'라는 콘셉트가 적용된 최초의 아파트입니다. 자이, 래미안, 푸르지오, 힐스테이트 등이죠. 지하주차장이 대규모로 지어졌고, 지상에 차가 다니지 않게 되었습니다. 놀이터 수준도 차원을 달리했습니다.

넷째, 4세대 아파트입니다. 2020년대에 건축된 아파트들로 이제는 단순한 주거공간이 아닌 가히 호텔급 시스템을 구비했습니다. 로비도 호텔에 온 게 아닌가 착각을 일으킵니다. 고급스러운 카페와 커뮤니티 시설의 다변화, 무엇보다 조식과 중식 서비스도 있습니다. 4세대 아파트가 3세대 아파트와 다른 것 중 하나는 재건축·재개발로 탈바꿈되는 단지이기에 서울에서 입지가 좋은 지역에 신축되는 추세라는 것입니다. 4세대 아파트는 브랜딩도 강화되어 푸르지오 써밋이니 아크로니 르엘이니 하는 하이엔드를 가리키는 이름으로 바뀌었습니다.

2세대와 3세대의 중간 시기에 타워팰리스로 대표되는 주상복합아파트가 출현했습니다. 주거공간과 상업공간이 함께 구성되어 있고, 주택법이 아닌 건축법의 적용을 받습니다. 그렇기에 일반 아파트에 비해 주거전용면적이 좁게 뽑힌다는 단점이 있습니다. 하지만 입지가 좋고 최고의 편의시설과 상권이 가깝게 있다는 장점이 단점을 충분히 상쇄합니다.

대한민국은 아파트 공화국입니다. 100가구 중 95가구가 단독주택이었고, 아파트에 거주하는 가구는 1가구도 채 안 되었던 1970년의 대한민국이, 50년이 흐른 지금은 100가구 중 63가구가 아파트에 살고 있습니다. 숫자의 변화는 0.77%에서 62.9%이지만, 그 과정은 한강변을 마주하고 세워진 거대 아파트의 물결과 도심에서 시작해 외곽으로 번져나가는 아파트 쓰나미의 역사였습니다. 무엇보다 그러한 아파트에서 살아가고 이동하며, 서울 도심에서 점점 외곽으로 밀려갔던 사람들이 있었습니다. 앞으로 대한민국 아파트는 어디까지 진화할까요?

주택청약제도는
언제부터
생겼나요?

2024년 5월 28일, 이른바 로또로 불리는 서울 서초구 반포동 '래미안 원베일리'의 청약 당첨자가 발표되었습니다. 이번 청약은 딱 1가구가 대상이었는데 총 3만 5,076명이 신청했다고 합니다. 그렇다면 35,076 대 1의 가공할 경쟁률을 뚫고 당첨된 분은 도대체 어떠한 정도 청약 내공을 보유했을까요? 한국부동산원 청약홈에 따르면, 무주택 기간 15년 이상으로 최고 32점, 청약통장 가입 기간 15년 이상으로 최고 17점, 부양가족 수 6명 이상으로 최고 35점으로 모든 과목에서 최고점을 받았다고 합니다. 현재 시세로 20억 정도 시세차익을 볼 수 있다니 진짜배기 로또에 당첨되었다고 할 수 있습니다.

그러다 갑자기 궁금해졌습니다. 이렇게 대한민국 국민이 일생에 한 번 참여할 수 있는 '내 집 마련 게임'인 청약제도는 과연 언제, 무슨 이유로 생겼을까요? 제가 견지하고 있는 삶의 원칙 중 하나는 '공부해서 남 주자!'입니다. 청약제도 또는 분양에 대해 틈틈이 공부한 내용을 알려드리겠습니다.

청약제도는 왜 생겼나?

한국부동산원에서 발간한 『주택 청약의 모든 것』이라는 책을 보면, 청약통장의 개념을 '주택분양을 미리 약정하고 장래 주택 구입을 위한 저축 상품'이라고 정의합니다. 우리나라 최초의 청약통장은 1977년 「국민주택 우선공급에 관한 규칙」을 제정하고 국민주택청약부금 가입자에게 분양 우선권을 부여하려고 등장했습니다. 이렇게 청약제도는 국민에게 주택을 공급한다는 공익적 차원에서 마련되었는데, 대한민국에서 가장 상위법인 「헌법」 제35조에는 이렇게 명시되어 있습니다.

"국가는 주택개발정책 등을 통하여 모든 국민이 쾌적한 주거생활을 할 수 있도록 노력하여야 한다."

이는 한정되어 있는 국토에서 모든 국민이 쾌적한 주거생활을 하려면 토지를 효율적으로 이용해 주택을 건설하고, 주택이 반드시 필요한 국민에게 우선 공급되어야 한다는 정신을 표현한 것입니다.

그런데 주택 공급을 온전히 시장에만 맡겨두면 어떻게 될까요? 안정적·계획적으로 공급되기 어렵습니다. 그렇기에 정부가 나서서 주택공급의 물량과 가격을 조절하는 동시에 한정된 주택을 우선 공급받을 대상을 정하는 방식으로 주택시장에 참여하는 제도가 바로 청약입니다.

청약제도의 역사

대한민국에서 처음 시행한 주택공급제도는 1963년에 제정된 「공영주택법」입니다. 정부는 저소득자이면서 무주택자, 분양대금을 상환할 수 있거나 임대료를 부담할 수 있는 사람을 대상으로 '공영주택'을 저렴하게 공급하기 시작했습니다. 입주자 선정 방식은 간단했는데, 단순 추첨 방식이었습니다.

1966년 2월부터 11월까지 동아일보에 연재된 이호철 작가의 소설 제목 『서울은 만원이다』에서 짐작할 수 있듯이, 1970년대에 산업화·도시화로 서울의 주택 부족 문제가 이미 심각한 사회문제가 되었습니다. 정부는 1972년 「주택건설촉진법」을 제정하고, 1977년 8월 18일 「국민주택 우선공급에 관한 규칙」에 따라 국민주택청약부금 가입자에게 주택 분양 우선권을 부여해 공급했습니다. 이 시점에 비로소 '순위' 개념이 도입된 것입니다.

하지만 본격적인 청약제도는 1년 뒤인 1978년 「주택공급에 관한 규칙」이 제정되고서야 시행되었는데, 그동안 공공주택에만 적용하던 주택공급제도가 민영주택으로 확대되었습니다. 이로써 청약통장도 국민주택청약부금, 주택청약예금, 재형저축 등으로 세부적 틀을 갖추게 되었습니다.

주택을 받을 수 있는 자격을 정한 순위를 보면 당시 시대적·사회적 상황을 반영하고 있어 재미있습니다. 국민주택의 경우 1순위는 해외 취업 근로자로서 영구불임 시술자이고, 2순위는 영구불임 시술자이며, 3순위는 해외 취업 근로자였습니다. 해외로 나가 달러를 벌어오는 사람과 산아제한 정책에 적극 동참한 사람을 귀하게 대접했다는 얘기겠죠. 당시에도 특별공급이 있었는데, 철거민이 포함되어 있었다는 것이 눈에 뜁니다.

이렇게 시작된 청약제도는 주택시장의 규모가 커지고 부동산 투기 바람이 거세지는 1980년대와 금융실명제와 토지거래허가제도가 전격 도입된 1990년대를 거치면서 역동적으로 변화합니다. 소형 공공주택에 대한 소득제한과 민영주택 전매 제한, 재당첨 제한 기간 연장 등의 각종 규제가 시행되었고, 1997년 대한민국 경제를 강타한 외환위기로 인한 경제 불황을 극복하고자 도입한 분양가 전면 자율화 등과 맞물리면서 청약 자격도 대폭 확대합니다.

시대에 따라 변해온 청약제도

2000년대 들어 주택시장이 과열되면서 투기과열지구가 지정되고 분양가 상한제 등이 도입되었으며, 2007년에는 '가점제'를 도입했습니다. 무주택 기간, 부양가족 수, 입주자저축 가입 기간을 점수화해 부동산 투기를 방지하고 무엇보다 실수요자에게 더 많은 주택을 공급하려는 목적이었습니다. 2009년 5월에는 그동안 국민주택과 민영주택으로 분리되어 있던 청약통장의 유형을 하나로 통합했는데, 이것이 바로 주택청약종합저축입니다.

이렇게 부동산 시장의 변화에 따라 끊임없이 수정되고 보완되어 온 청약제도는 서울시 전체 청약 당첨자 중 무주택자가 98.6%에 달하고, 가점제 당첨자 중 오랜 기간 무주택자로 살아온 4050세대의 비중이 2017년 대비 20% 이상 증가한 81%를 차지하는 것으로 나타났습니다. 또한 신혼부부 특별공급과 생애최초 특별공급의 2030세대 당첨 비율이 50%를 넘는 것으로 볼 때 청약제도는 실수요자에게 적확하게 공급되는 제도로 기능하고 있다는 생각이 듭니다.

그런데 아무리 국민의 주거생활 충족이라는 공공의 성격을 띤 제도라 할지라도, 민간 건설사로서는 집을 지어 분양하는 데서 나오는 이윤이 충분해야 합니다. 당연히 모든 주택의 건축·분양을 국가가 하나에서 열까지 개입하면 자본주의 사회라 할 수 없습니다. 그래서 우리 「주택법」은 일정한 호수나 세대 이상이 들어갈 수 있는 주택을 건설하는 경우에만 청약에 따른 분양을 허용하고 있습니다. 기준은 30호 또는 30세대입니다. 그 이하 주택에 관해서는 상대적으로 자유롭게 허용하고 있습니다. 물론 그 이상의 공동주택 건설에서도 분양가 상한제라든가, 용적률과 건폐율 등을 놓고 사회적·경제적 변화에 따른 밀고 당기기를 하고 있습니다.

2024년 5월 기준으로 청약통장 가입자는 약 2,851만 명입니다. 대한민국 국민 둘 중 한 명 이상이 가입한 셈입니다. 미성년자도 가입이 가능하기에 향후 민영주택 일반공급 가점제를 이용해 청약할 경우 높은 점수를 받을 수 있습니다. 그래서 당장 내 집 마련 계획이 없다 하더라도 저축한다 생각하고 미리미리 통장을 만들어둘 것을 강력하게 권고합니다.

전세제도는
언제부터
생겼나요?

이 글을 쓰고 있는 2024년 6월 23일에도 전세사기 뉴스가 나왔습니다. 신촌에서 발생했는데 대략 100억 대 가까운 규모입니다. 전세사기 피해자들은 계속 목숨을 끊고 있고, 좋은 방법이든 부족한 방법이든 일명 '전세사기관련 특별법'은 여전히 표류하고 있습니다. 국토교통부 장관은 전세제도가 수명을 다했다는 의견을 내놓고 있습니다. 참으로 말도 많고 탈도 많은 전세제도입니다.

과연 전세를 '제도'라고 표현하는 것이 맞는지도 의문인데, 세계에서 거의 유일하게 대한민국에만 존재하고 운용된다는 전세가 언제 생겨 어떤 상황에서 널리 퍼지게 되었는지 궁금해집니다.

전세제도의 역사

『표준국어대사전』에서 전세를 어떻게 정의하고 있는지 살펴보았습니다. '부동산의 소유자에게 일정한 금액을 맡기고 그 부동산을 일정 기간 빌려 쓰는 일. 또는 그 돈. 부동산을 돌려줄 때는 맡긴 돈 전액을 되돌려 받는다'라고 나옵니다.

다른 나라에서는 이렇게 일정한 금액을 임대인에게 준 다음 거주하는 제도는 찾아보기 힘들다고 합니다. 외국인들에게 일반적 방식은 매달 일정 금액을 내며 살아가는, 즉 월세입니다. 어찌 보면 월세라는 방식이 자연스럽고 합리적으로 보입니다. 그런데 우리나라에서는 어떻게 전세라는 방식이 나오게 되었고, 언제 처음 시작되었을까요?

책도 찾아보고 검색도 해보면 전세의 기원에 대해서는 몇 가지 이야기가 나옵니다. 원시시대 중국에 물권을 담보로 돈을 빌리는 '전당(典當)'이라는 제도가 있었는데, 이 제도가 우리나라로 넘어와 전세제도로 진화했다는 설명이 있습니다. 『80년간의 부동산 일주』라는 책에는 조선시대에 귀양 갔던 선비들의 상황이 전세를 낳았다고 설명하는 내용이 나오는데, 집을 팔고 귀양을 갔다가 한양으로 복귀한 뒤집을 구하지 못해 낭패에 빠진 선배들을 본 후배 귀양 선비들이 그집을 팔지 않고 일정 금액을 받으며 그들을 거주하게 했다는 얘기입니다.

이렇듯 전세에 대해서는 명확한 기록을 찾기 어려운데, 한양대학교 도시대학원 윤솔아 씨의 석사학위논문 「구한말 이후 전세 계약의 논의 변화와 특성 분석」에 따르면, 전세 관련 최초의 공식적 자료는 1910년 조선총독부가 만든 '관습보고서'가 유일하다고 합니다. 일본인들의 치밀함을 엿볼 수 있는 대목입니다. 당시 일본은 수도 경성을 포함해 수원, 청주, 대구 등 전국 70개 지역에 조사관을 파견해 조선인들을 대상으로 다양한 조사를 했는데 이 보고서에 전세에 관한 언급이 나옵니다. '전세란 조선에서 가장 일반적으로 행해지는 가옥 임대차의 방법이며, 전세금액은 가옥 대가의 반액 내지 7~8할이 통례'라고 쓰여 있다고 합니다. 이미 당시에 전세는 일반적이었으며, 집값의 반이나 70~80%에 해당하는 금액을 보증금으로 주었음을 알 수 있습니다.

전세의 기원에 관한 다른 조사도 있습니다. 월간지 『신동아』의 2020년 8월 기사에 따르면, 한국학중앙연구원이 만든 한국민족문화대백과에는 1876년 강화도조약을 기점으로 전세를 적시하고 있다고 합니다. 일본과의 강화도조약으로 개항한 부산·인천·원산 지역에 일본인 거류지가 조성되고 농촌 인구가 급속하게 이동하면서 도시 인구가 급격하게 늘어난 게 배경이라고 하는데, 주택공급이 수요를 따라가지 못해 집값이 치솟다 보니 돈을 빌리지 않고는 집을 살 수 없는 상황이 벌어졌을 때 일부 집주인들이 예비 세입자에게 돈을 빌리고 세입자는 해당 집에 집세를 따로 내지 않고 살게 된 것이 전세의 시작이었습니다.

전세가 본격적으로 확산되기 시작한 것은 1950년부터 1953년까지 한반도를 휩쓸어버린 6·25전쟁으로 전 국토가 폐허가 되면서였는데, 이때 임대인과 임차인이 서로 윈윈할 수 있는 임대차 방식이 전세가 되었다고 합니다. 임차인은 일정 금액을 임대인에게 주면 일단 마음 놓고 거주할 수 있는 공간이 생겨서 좋았고, 임대인도 임차인에게 받은 보증금으로 다른 집을 지을 수도 있고 다른 용도로 사용할 수도 있으니 좋았습니다.

임차인을 보호하려는 장치

이렇게 확산되던 전세라는 임대차 방식이 국민에게 보편적 방식으로 확고하게 자리 잡게 된 시기는 1970년대 이른바 산업화 물결이 대한민국을 뒤덮던 때였습니다. 당시에는 개인이 은행에서 대출받기가 무척 어려웠습니다. 그나마 조금 있던 국가 운용 자금의 주 용처는 수출 주도 기업이었기 때문입니다. 하지만 우리 국민이 어떤 국민입니까? 집은 소유하고 있지만 돈이 필요한 임대인에게 대출해 준 이들이 있었으니 바로 임차인, 세입자들이었습니다.

결국 전세라는 임대차 방식은 국가가 하지 못하는 것을 국민이 해낸 최적의 사금융이라 할 수 있습니다. 당시 은행금리는 15%나 되었고, 사채금리는 60%에 육박했으며, 집값은 상승기였습니다. 집주인에게 들어온 임차인의 보증금은 활용처가 많았습니다. 세입자들은 월세를 살면서 한 푼 두 푼 모아 전세로 옮기는 것이 첫 번째 꿈이었고, 전세로 살며 열심히 돈을 모아 내 집을 마련하는 것이 두 번째이자 최종 꿈이었던 시절입니다.

그렇지만 임차인은 임대인보다 한없이 약한 처지에 놓인 사람들이었습니다. 집주인이 나가라고 하면 이렇다 할 항의도 못 해보고 나가야 했습니다. 전세보증금은 상대적 채권이었기에 계약한 임대인과 임차인 사이에서만 효력이 있었습니다. 그래서 임대인이 다른 사람에게 집을 팔아 집주인이 바뀌면 임차인은 새 집주인에게 보증금 반환을 요청할 수 없었습니다. 운이 너무 나쁘면 거액의 보증금을 돌려받지 못하고 길거리로 나가야 했습니다.

하지만 사회는 발전하는 법, 1981년이 되자 「주택임대차보호법」이 만들어지면서 개인과 개인 사이의 사적 금융 약속이었던 전세가 비로소 전세제도로 틀이 갖춰지기 시작합니다. 그런데 이때 전세 계약기간이 고작 1년이었던 걸 보면, 부모님 세대에게서 귀에 못이 박히게 들었던 '전세의 설움'이 전국 곳곳에 얼마나 많았는지 짐작조차 못 하겠습니다.

사회가 발전하자 약자의 권리도 점점 강하게 보호하면서 1990년에 개정된 「주택임대차보호법」에서 계약기간이 2년으로 늘어났고, 임대인과 제3자에게 맞서 요구할 수 있는 대항력이 생겼습니다. 그리고 20년이 흘러 2020년에 「주택임대차보호법」이 개정되면서 임차인이 원하면 계약기간을 4년까지 연장할 수 있는 수준까지 발전해왔습니다.

현재 전세제도는 대한민국에서 잘 굴러가고 있을까요? 임차인과 임대인의 합작으로 만들어낸 이른바 'K-전세'는 우리 부동산 시장에서 어떤 의미가 있을까요? 여기서 저는 전세대출이라는 제도를 주목합니다. 이 제도는 꽤 오래전부터 서민 주거 안정 목적으로 있긴 했지만 본격화한 것은 2008년 이명박 정부 때였습니다. 명분이야 전세난 해소였지만, 1억 원을 대출해주자 집값이 상승하기 시작했습니다. 그 후 전세자금대출 한도는 계속 상승했고, 그에 비례해 집값도 상승했습니다. 더욱 심각한 건 전세자금대출이 생기면서 갭투자가 확대되었다는 점입니다. 지금 사회적으로 논의가 필요한 것은 '전세제도의 종말'이 아니라 '전세자금대출의 종말'입니다.

재건축은
언제부터
생겼나요?

"두껍아 두껍아, 헌 집 줄게 새집 다오." 어릴 적 동네에서 친구들과 모여 모래 속에 주먹 쥔 손을 묻고 많이도 불렀던 노래입니다. 우리나라 최초의 부동산 관련 구전가요가 아닐까 생각하는데, 문득 유래가 궁금해졌습니다.

몇 차례 검색해본 결과 이것이 정설이라는 명확한 근거는 찾지 못했는데, 일제강점기 소설가 심훈의 『상록수』에서 처음 나온다는 사실을 알았고, '두꺼비'가 '두껍다'에서 나온 표현이 변해서 그리되었다는 얘기도 있었습니다.

우리가 어렸을 때 집이 무너지지 않게 하려고 얼마나 마음 졸였는지, 그리고 그런 마음은 나이를 먹어도 변하지 않는다는 진실을 떠올리며 헌 집이 새집으로 바뀌는 기적 이야기, 바로 재건축의 유래를 알아보고자 합니다.

상전벽해를 이루는 재건축

방송하면서 알게 된 지인 중 1990년대 후반에 결혼한 카메라감독이 있는데, 당시 그가 저에게 했던 말이 지금도 생각납니다. 자신은 서울 토박이 강북 사람이라서 강남 여자를 만나 연애하게 되어 참 좋았는데, 어느 날 애인의 강남 집에 가보고 깜짝 놀랐다는 겁니다. 너무 낡고 작은 5층짜리 아파트 동들이 늘어선 단지였는데, 어떻게 강남이 이럴 수 있냐며 소주잔을 기울이던 그의 모습이 떠오릅니다. 당시 그가 참 순수했다는 얘기지요.

꽤나 세월이 흘러 지금 그 단지는 강남고속터미널 옆에 위풍당당하게 서서 3,410세대 44개 동을 자랑하는 강남 재건축 성공 신화의 상징, 반포자이가 되었습니다. 1979년 입주를 시작한 반포주공3단지 아파트가 2009년 다시 입주를 시작해 그야말로 상전벽해를 이루었습니다.

이뿐만이 아닙니다. 아파트가 좁고 배관이 낡아 녹물이 나와 못 살겠다고 아우성치던 강남 도곡동 주공1단지는 2006년 입주한 도곡

렉슬아파트가 되었습니다. 1996년 도곡주공1단지의 13평형 아파트를 2억 원에 매수한 사람은 지금 시가 40억 원 사이에서 오르락내리락하는 43평형 아파트의 주인이 되었습니다.

이렇게 헌 집을 허물고 새집을 짓기만 하면 '억억' 하는 이익을 가능하게 하는 재건축은 과연 언제 시작되었을까요? 어떤 아파트가 처음 재건축을 했을까요?

우리나라 최초의 재건축 아파트는?

시계를 거꾸로 돌려 우리가 가봐야 하는 곳은 1962년 서울 마포입니다. 이때 마포에서는 '마포주공아파트'라는 이름의 6층짜리 6개 동이 들어선 아파트가 준공되었습니다. 1962년 7월 30일자 동아일보 기사를 보면 이런 대목이 나옵니다.

지금 마포구 도화동에 건설 중인 현대식 6층 고급 '아파트' 6채는 400여 세대를 수용할 수 있는 우리나라 최대의 것으로 집 없는 '샐러리맨'들의 관심을 모으고 있다. (중략) 12평 이상은 침실이 둘로 네댓 식구는 충분히 살 수 있다. 방 안, 방 밖을 모두 의자 생활 체제로 꾸며 침실에는 침대가 있고, 난방은 연탄을 이용한 '히터' 장치가 되어 있어 아무리 추운 겨울이라도 20도 정도의 방 안 온도를 유지할 수 있다고 한다. 거실 밖에는 넓은 '발코니'가 있고, 침실에는 반침을 해두었다. 목욕탕엔 '샤워' 시설을 하고 변소는 모두 수세식이다. 전체로 보아 그리 넓은 집은 못 된다 해도 쓸모 있게 꾸민 고급 '아파트'는 되겠다. (중략) 생활 개혁과 공동생활의 훈련을 도모하기 위해 시범으로 건설하는 이 아파트가 성공한다면 장차는 주택과 공동시설이 함께 마을을 구성해줄 '아파트'가 잇따라 세워질 것이라 보는데, 이 성공 여부에 따라 대한주택공사에서는 장차 을지로에 11층 고급 아파트를 지을 계획을 세우고 있다.

마포주공아파트는 다분히 박정희 정부가 근대화의 성과를 과시하려고 서둘러 지은 면이 있지만, 우리나라 아파트 역사에서 의미를 부여할 수 있는 다양한 요소가 있습니다. 처음으로 '단지'라고 부를 수 있는 아파트로 단지 내 인프라를 입주자가 부담했고, 임대가 아닌 분양 방식을 처음 시도했으며, 무엇보다 나중에 처음으로 재건축을 시행한 아파트입니다.

마포주공아파트는 두 차례에 걸쳐 준공했습니다. 1962년 1차는 Y자형 6개 동 450가구였고, 1964년 2차는 일자형 4개 동 192가구였습니다. 건폐율은 11%였고, 용적률은 불과 67%였습니다.

당시만 해도 우리나라의 아파트 건축 기술이 높은 수준에 달하지 않았다는 건 당연할 텐데, 점점 노후화한 마포주공아파트는 준공하고 25년이 흐른 시점인 1987년에 입주민들이 모여 '가옥주모임'을 결성합니다. 이 가옥주모임이 바로 우리나라에서 최초로 결성된 재건축추진위원회입니다.

하지만 당시는 재건축에 관한 규정조차 없었는데, 노태우 정부에서 이른바 '주택 200만 호 건설'을 공약으로 내세웠던 때입니다. 1987년 12월 「주택건설촉진법」이 제정되었고, 1988년 12월 마포주공아파트가 최초로 재건축사업 승인을 받게 됩니다.

재건축을 처음으로 진행해서인지 우여곡절도 적지 않았습니다. 특히 집주인과 세입자의 갈등이 매우 심했는데, 400여 가구에 달하는 세입자들은 대책위원회를 결성해 분양권을 줄 것, 입주권과 이사비를 줄 것 등을 요구했습니다. 조합 측이 동원한 철거반원과 세입자들 간의 물리적 충돌까지 있었지만, 이들은 명도소송에서 패소해 짐을 싸야 했습니다.

그리고 마포주공아파트는 재건축추진위원회를 결성하고 7년 만인 1994년 마포삼성아파트로 재건축되어 새롭게 태어났습니다. 기존 세대수보다 340가구가 늘었고, 각 호의 평형도 기존의 9~16평형에서 28~50평형으로 넓어졌습니다.

마포주공아파트에서 마포삼성아파트로 재건축이 완료되자 시세가 강남권과 비슷해질 정도로 재건축이 성공했다는 평가를 받았고, 이로써 집주인들과 시행사, 건설사들이 서로 머리를 맞대 황금알을 낳는 거위라 불리게 되는 이른바 대한민국 재건축 시장이 드디어 열리게 됩니다.

재건축? 리모델링?

우리나라에서 재건축이 언제, 어떤 아파트에서 처음 시작되었는지 알아봤습니다. 지금도 대한민국은 공사 중이라고 할 정도로 수없이 많은 지역에서 재건축·재개발이 진행되고 있습니다. 그런데 그중 꽤 많은 사업이 표류하고 있는데, 천정부지로 치솟은 공사비로 조합원들이 부담해야 하는 분담금이 마찬가지로 치솟았기 때문입니다.

어떤 사업 현장들은 공사가 중단되거나 취소되었습니다. 이미 이주해 다른 지역에서 살고 있는데 공사가 중단되면 그 심정이 어떨까요? 이렇게 '재건축은 이제 더는 황금알을 낳는 거위가 아니다, 재건축 불패신화는 끝났다'고 하는 소리가 점점 커지고 있습니다.

이 때문일까요? 어떤 지역에서는 재건축이 아닌 리모델링을 하자는 의견이 나오고 있고, 한 아파트단지에서는 재건축파와 리모델링파로 나뉘어 물러설 수 없는 투쟁을 하고 있습니다. 재건축파에서는 싹 철거하고 완전히 새롭게 지으니까 기존의 구성도 얼마든지 변화를 줄 수 있고, 안전성이 월등히 높아진 새 건축물이 될 수 있다고 합니다. 이에 리모델링파는 기존의 골조를 유지하는 방식으로 건축하니까 공사비를 절감할 수 있고, 공사 기간도 상대적으로 짧으니까 더 좋은 방법이라고 맞섭니다.

무엇이 정답인지 저도 알 수 없습니다. 리모델링은 재건축에 비해 기술적으로 상당히 어렵기 때문에 이왕 싹 고칠 바에는 재건축이 낫다는 얘기도 들었습니다. 그런가 하면 20년 전부터 추진되어온 강남 재건축의 상징 은마아파트가 여전히 결실을 하지 못하는 상황이 보입니다. 아무쪼록 저마다 환경에 맞게 이해관계를 잘 조정해 최대한 많은 이들이 합의하는 방법을 도출해내기 바랍니다.

대한민국 최초의 재건축 아파트라는 명예(?)를 부여받은 마포삼성 아파트가 준공된 지 2024년 현재 딱 30년 되었습니다. 앞으로 어딘가에서 대한민국 최초의 '재재건축 아파트'가 탄생하게 될 텐데, 마포삼성아파트가 유력 후보는 아닐지 상상해봅니다.

전국 각지에서 사람들이 서울로 들어오자 서울의 택지는 목동과 상계동 일대로 넓어졌고, 급기야 1990년대 들어 서울 외곽지역에 신도시를 건설했습니다. 분당, 일산, 평촌, 중동, 산본 등의 1기 신도시입니다. 마지막 개발지역이라고 한 마곡지구도 개발되었고, 서울 외곽에서는 2기 신도시에 이어 3기 신도시까지 발표되어 진행되고 있습니다.

청약통장은 '주택분양을 미리 약정하고 장래 주택 구입을 위한 저축 상품'이라고 정의합니다. 최초의 청약통장은 1977년 「국민주택 우선공급에 관한 규칙」을 제정하고 국민주택청약부금 가입자에게 분양 우선권을 부여하려고 등장했습니다. 이렇게 청약제도는 국민에게 주택을 공급한다는 공익적 차원에서 마련되었습니다.

1978년 시행된 청약제도는 주택시장 규모가 커진 1980년대와 금융실명제와 토지거래허가제도가 도입된 1990년대를 거치며 역동적으로 변합니다. 소형 공공주택에 대한 소득제한, 민영주택 전매 제한, 재당첨 제한 기간 연장 등의 규제가 시행되었고, 외환위기 극복을 위한 분양가 전면 자율화 등과 맞물려 청약 자격도 대폭 확대합니다.

전세라는 임대차 방식이 국민에게 보편적 방식으로 확고하게 자리 잡게 된 시기는 1970년대 산업화 물결이 일던 때였습니다. 당시에는 개인이 은행에서 대출받기가 무척 어려웠습니다. 하지만 우리 국민이 어떤 국민입니까? 집은 소유하고 있지만 돈이 필요한 임대인에게 대출해준 이들이 있었으니 바로 임차인, 세입자들이었습니다.

1981년이 되자 「주택임대차보호법」이 만들어지면서 개인과 개인 사이의 사적 금융 약속이었던 전세가 비로소 전세제도로 틀이 갖춰지기 시작합니다. 하지만 이때 전세 계약기간이 고작 1년이었던 걸 보면, 부모님 세대에게서 귀에 못이 박히게 들었던 '전세의 설움'이 전국 곳곳에 얼마나 많았는지 짐작조차 못 하겠습니다.

마포주공아파트는 재건축추진위원회를 결성하고 7년 만인 1994년 마포삼성아파트로 재건축되어 새롭게 태어났습니다. 마포주공아파트에서 마포삼성아파트로 재건축이 완료되자 시세가 강남권과 비슷해질 정도로 성공했다는 평가를 받았고, 이로써 황금알을 낳는 거위라 불리게 되는 이른바 대한민국 재건축 시장이 열리게 됩니다.

관점을 가지고 ─────────────

CHAPTER

──────── 흔들림 없는 투자 실행하기

부동산 공부의 끝은 부동산 '투자'라고 합니다. 내 집 마련을 위한 공부도 그냥 하는 것보다는 '투자'의 관점에서 해야 합니다. '광수네 복덕방' 이광수 대표의 말처럼, 세상을 투자자의 시선으로 바라보는 것이 중요하다고 생각합니다. 그렇기에 부동산에 관심을 갖고 발을 들여놓기로 결심했다면, 투자자가 되어야 합니다. 지금은 비록 초보 단계라고 해도, 지금 가지고 있는 돈이 부끄럽다 해도 마음과 태도만은 부동산 투자자가 되어야 합니다. 그래야 좀더 깊고 넓고 높게 볼 수 있습니다. 6장에는 부동산 투자를 생각할 때 가지게 되는 최소한의 궁금증에 대한 제 생각을 담았습니다. 아무쪼록 투자자의 마인드를 강하게 단련해나가는 범상치 않은 부린이가 되기 바랍니다.

어떤 아파트가
좋은
아파트인가요?

2023년 4월 부동산을 주제로 한 첫 책을 내니 여기저기서 강연 요청이 많았습니다. 저로서는 급변하는 부동산 시장에 대해 그동안 공부하고 현장에 나가 부딪치며 알게 된 사항들을 차분하게 말씀드리고, 제가 미처 모르는 내용은 배우는 시간이 되길 바랐습니다. 강연 전체가 10이라면 9.9에 해당하는 부분은 제 기대대로 채워졌습니다.

그런데 궁금한 걸 물어봐달라고 했을 때 손을 든 분들은 대개 이런 질문을 했습니다. "어떤 아파트가 좋은 아파트인가요?" "제가 사는 곳은 ○○○인데, 지금 매도해도 될까요?" "○○지역과 ○○지역 중 어디가 더 많이 오를까요?"

좋은 아파트를 정의하려면

어쩌면 그때 청중의 생각이 맞았는지도 모릅니다. 부동산을 공부하는 목적이 석사 되고 박사 따려는 게 아니라 결국 투자일 테니까요. 그렇지만 부동산 투자는 '점을 보는 게' 아닙니다. 누군가가 어느 지역의 무슨 아파트를 사라고 해야 매수하고, 팔라고 해야 매도한다면 차후에 어떤 무서운 결과가 생길지 아무도 모릅니다. 투자에 따르는 책임은 온전히 자신이 져야 합니다. 그러려면 부동산 시장의 흐름을 보는 자기만의 기준을 세워야 투자에 대한 눈도 생깁니다.

이런 제 생각에 동의했다는 것을 전제로 여러분이 늘 던지는 질문인 "어떤 아파트가 좋은 아파트인가요?"에 대한 제 의견을 말씀드리겠습니다. '좋은' 아파트는 과연 어떤 아파트인지 정의부터 내려야겠습니다. 살기에 좋은 아파트인지, 앞으로 가격이 상승할 것 같은 아파트인지, 구축이지만 재건축 이슈가 있는 아파트인지, 무조건 신축 아파트인지 등입니다. 재건축 대상 아파트는 제외하고 살기에 좋으면서 향후 가격이 오를 것 같은 아파트로 정리해보면 어떨까 합니다.

저마다 나이, 자녀 유무, 어르신 부양, 그리고 1인 가구인지 3~4인 가구인지 등 조건이 천차만별이기에 직장을 다니는 3040 부부와 초등학생 자녀 정도가 있는, 중간 정도에 위치한 일반적 가족이라고 상정하고 논의를 진행해보겠습니다.

좋은 아파트의 조건

우리가 아파트를 알아볼 때 자주 쓰이는 용어가 '브역대신평초'입니다. 많은 사람이 알 텐데 브랜드, 역세권, 대단지, 신축, 평지, 초등학교에서 앞글자만 딴 것입니다. 이 단어를 누가 처음 만들었는지 기발하다는 생각을 했습니다. 많은 사람이 공감하는 테마를 함축적으로 담았습니다.

'나는 자연환경과 어우러진 아파트가 제일 좋은데' 하는 분이라면 '자'까지 넣어 '브역대신평초자'로 만들어도 됩니다. '재건축' 요소가 꼭 들어가야 한다는 분이라면 '브역대신평초자재'라는 8가지 요소로 조합해도 됩니다. 아마 이 모든 요소를 다 가지고 있는 아파트가 있다면 가장 살기 좋은 곳이 될 것입니다. 각자 환경과 조건에 따라 이 요소들을 늘어놓으면서 아파트를 골라가면 되지 않을까 합니다.

첫째, '브랜드'입니다. 자이, 래미안, 푸르지오 등을 말합니다. "어디에 사세요?"라는 질문에 "반포 살아요" 하면 될 것을 "반포자이 살아요" 합니다. LH가 민간 건설사와 함께 시공한 아파트 하면 아파트 이름에 'LH'가 들어갈 확률이 매우 낮습니다. 이유가 뭘까요? 브랜드파워가 있다는 것이고, 그만큼 환금성이 좋다는 걸 의미합니다.

둘째, '역세권'입니다. 이 요소는 지하철이 있는 대도시에서 가장 중요하게 고려해야 하는 항목입니다. '직주근접', 즉 직장과 주거지가 가까워야 하는데, 현실적으로 그런 조건을 갖춘 곳은 드물기에 직주근접을 현실화해주는 마법의 도구는 교통, 그중에도 지하철입니다. 역세권은 아파트에서 지하철역까지 도보로 이동이 가능해야 합니다. 집에서 도보로 30분은 가야 지하철역이 나오는데, 나는 걷는 걸 좋아하니까 우리 집도 역세권 아니냐고 우기면 안 됩니다. 역세권은 법률은 아니지만 민심법으로 정하고 있습니다. 지하철역에서 반경 500m 이내에 들어오는 아파트, 도보로 10분 이내의 거리입니다. 1km까지 봐줘야 하는 것 아니냐는 의견과 300m 안으로 더 좁혀야 한다는 의견도 있습니다.

그런데 역세권이라고 해서 다 같은 역세권이 아닙니다. 서울을 예로 들면 1호선에서 9호선, 경의중앙선, 신분당선 등을 똑같은 역세권으로 보지 않습니다. 서울·수도권 23개 노선 중 서울의 3대 핵심 업무지구인 강남, 광화문, 여의도를 지나가는 노선에 위치한 역세권이라야 상급으로 칩니다.

셋째, '대단지'입니다. 보통 1,000세대 이상의 규모를 대단지 아파트로 봅니다. 단지 규모가 크면 클수록 주민들을 위한 공용시설이나 커뮤니티 공간을 더 많이 확보할 수 있습니다. 공용 관리비도 세대수가 적은 아파트보다 저렴해질 수 있습니다. 84개 동 9,510세대로 단일 단지로는 최대 규모인 송파 헬리오시티는 이미 강력한 희소성을 획득한 걸로 보입니다.

넷째, '신축'입니다. 신상이 가치가 높다는 건 당연하겠지만, 아파트에서 좀더 높은 상품성을 인정받는 이유는 구조 때문입니다. 혹시 3베이(Bay)니 4베이(Bay)니 하는 말을 들어보았습니까? 근래에 아파트 모델하우스에 가보았다면 단박에 이해할 텐데, '베이(Bay)'는 벽과 벽 사이를 부르는 말입니다. 예전에는 방이 3개인 경우 방 1개는 북쪽에 배치된 3베이 구조였지만, 이제는 모든 방이 남향으로 배치되는 4베이 구조가 대세입니다. 4베이 구조는 완공된 지 5년 이내인 신축에서나 볼 수 있는 구조입니다.

다섯째, '평지'입니다. 인터넷이나 스마트폰 앱으로 아파트단지를 볼 때는 2차원 지도라서 그곳이 평지인지, 경사가 심한지 등을 쉽게 알 수 없습니다. 호갱노노에는 '경사' 버튼이 있지만, 현장에 직접 가서 눈과 몸으로 확인해야 합니다. 둘러보면 산 중턱에 지어진 아파트단지들이 꽤 많이 보입니다. 평지에 있는 아파트는 아이가 있거나 어르신이 거주하는 경우 상품 가치가 올라갑니다.

마지막으로 '초등학교'입니다. 하도 많이 알려져 '초품아'라는 용어를 모르는 분은 거의 없다고 봅니다. 초등학교를 품고 있는 아파트라는 의미지요. 초등학생의 경우 혼자서 도로를 건너거나 하면 위험하기 때문에 도로를 건너가지 않아도 되는 위치에 초등학교가 있으면 부모 마음도 편해서 높은 가치를 쳐주는 프리미엄 아파트단지가 됩니다. 초품아 테마는 자녀가 커가면서 이른바 학군지 테마로 진화합니다.

지금까지 좋은 아파트의 조건을 얘기했습니다. '브역대신평초'의 각각을 논했는데, 대폭 줄이면 결국 남는 건 입지와 상품성입니다. 많은 이들이 고민하고 갈등하다가 저에게 질문하는 그것! '역세권의 구축 vs. 역에서 거리가 있는 신축'의 문제입니다.

부동산 가격을 결정하는 건 입지와 상품성일 텐데, 이런 질문에는 사실 정답이 없습니다. 질문을 던지는 자신의 구체적 상황과 조건에 따라 결정하면 됩니다. 혹자는 상품성은 시간이 흐르며 감가상각이 되니 영원한 입지를 선택하라고 하지만, 그 아파트에 영원히 거주할 계획이 아니라면 그 또한 자기 상황과 계획에 달려 있다 하겠습니다.

어떤 사람과 이 주제로 얘기한 적이 있는데, 그 사람은 갈등되는 두 곳이 있다면 더 '끌리는' 쪽으로 가라고 하더라고요. 중요한 실마리라고 생각합니다.

어떻게 하면
대출을
잘 받을 수 있을까요?

여기서 '대출'을 다루겠다고 정한 뒤 당연히 'LTV, DTI, DSR'을 정리하면 되겠다며 서두를 시작했는데, 문득 이런 생각이 들었습니다. 'LTV, DTI, DSR 같은 건 인터넷에서 검색하면 나오는 거잖아. 한 걸음 더 들어가야 할 것 같은데….'

그렇습니다. 대출 항목에서 우리가 더 많이 알아보고 생각해봐야 하는 것은 대출에 관한 마인드와 좀더 구체적인 정보가 아닐까 합니다. 그런 부분에 대해 제가 알고 있고 생각하는 모든 것을 꺼내 여기에서 소개합니다.

LTV, DTI, DSR이 무엇일까?

그래도 기본 개념을 한번은 짚고 넘어가야 합니다. 간략하게 대출(주택담보대출)을 논할 때 기준으로 삼는 LTV, DTI, DSR에 대해 정리해 보겠습니다. 주택을 담보로 금융기관에서 대출을 받고자 할 때 LTV 에서 DTI, DSR의 순서로 올라가며 대출 규정이 깐깐해진다고 이해하면 됩니다. 각각이 따로따로 대출을 주관하는 것이 아닙니다. DSR 단계까지 따져보고 난 후 비로소 최종 가능한 대출 금액이 나오는 구조입니다.

LTV(Loan to Value)는 '주택담보인정비율'이라고 하는데, 약간 어렵습니다. 한마디로 표현하면, '고객님의 주택 가격에서 몇 %까지만 대출이 가능합니다'입니다. 주택이 10억 원이고 현재 LTV가 70%라면, 7억 원까지 대출이 가능하다는 얘깁니다.

DTI(Debt to Income)는 '총부채상환비율'인데, 한마디로 표현하면 '고객님의 연소득을 체크해본 후 갚을 수 있는 정도만 대출해드리겠습니다'입니다. 연소득이 6,000만 원인 고객이고 DTI가 50%라면, 3,000만 원으로 주택담보대출 한도가 정해진다는 뜻입니다.

DSR(Debt Savings Ratio)은 '총부채원리금상환비율'인데, 한마디로 '고객님의 연소득과 유지 중인 모든 대출을 체크해본 후 갚을 수 있는 정도만 대출해드리겠습니다'입니다. 위의 고객이 신용대출이 1,000만 원이 있는 경우, 그 금액까지 연소득에 합친 다음 소득 대비

50%를 넘지 않는 범위에서 대출이 가능하다는 얘기입니다. 즉 LTV에서 DTI를 거치고 DSR 단계에 오면 대출 금액이 줄어듭니다.

그런데 이러한 대출 규제는 집값과 소득에 따라 변화하고 무엇보다 사는 지역에 따라, 정부 정책에 따라, 사회 분위기 등에 따라 계속 변하기 때문에 구체적 계산 방식을 소개하는 것은 별 의미가 없습니다. 그렇다고 대출을 공부하지 않아도 된다는 얘기는 아닙니다. 자본주의 사회에서 살아가는 한 우리는 누구나 대출을 피해갈 수 없으니 정면으로 맞서야 합니다. 우리 모두 대출이라는 상품을 도움이 되는 확실한 솔루션으로 활용하는 방법을 알아야 합니다.

대출상담사 활용하기

여러분이 대출을 알아봐야겠다고 결심하면 검색 등으로 기본 사항과 대출상품을 알아보는 것은 기본이고, 그다음은 누구에게 찾아가나요? 그래도 주택담보대출인데 주거래 은행을 방문해 상담하는 게 가장 낫고 안전하지 않은가 하고 생각한다면 다른 선택지도 있음을 알려드립니다. 그 선택지는 바로 대출상담사입니다.

"대출상담사를 통하면 금리가 좀 높지 않나요?"라고 반문할지 모르는데, 그렇지 않습니다. 왜 그런지 알기 위해 한 고객이 A라는 은행의 ○○지점을 방문한다고 가정하겠습니다. 고객이 다른 은행도 아닌 A은행을 방문한 첫 번째 이유는 주거래 은행이기 때문입니다. 그런데 주거래 은행이면 다른 은행보다 대출 상담을 더 열심히 해 주고 대출 금리를 조금이라도 좋게 적용해준다고 생각하나요? 결코 그렇지 않습니다. 그 은행 카드도 열심히 사용하고 급여 이체까지 해도 특별대우를 하지 않습니다. 은행마다 자사 규정이 먼저이기 때문입니다.

게다가 은행들은 점점 창구 직원을 줄이고 있습니다. 각종 앱과 온라인 금융이 워낙 발달했기에 대면 영업을 하는 직원 숫자가 점점 줄고 있습니다. 은행원의 고연봉이 회사로서는 부담스럽기도 하지요. 그렇기에 은행은 정직원을 고용해서 들어가는 인건비보다 대출 상담사에게 주는 수수료가 더 적다고 계산합니다. 그러니 대출상담사를 만나도 은행보다 금리가 더 높아지는 일은 일어나지 않습니다.

고객이 A은행 ○○지점을 방문해 상담한다면 고객에게 주어지는 선택지는 딱 하나, 해당 은행 지점에서 제안하는 금리밖에 없습니다. 발품 팔아 B은행 ××지점을 가더라도 한 개 더 늘어날 뿐입니다. 그에 비해 대출상담사는 여러 은행과 여러 지점의 대출상품과 각각의 금리를 비교해서 보여줄 수 있습니다. 같은 은행이라고 모든 지점의 대출상품 금리가 동일하리라 생각하면 오산입니다. 지점마다 달성해야 하는 대출 실적이 있습니다. 지점마다 천차만별입니다. 대출 실적이 떨어지는 지점이라면 '지점장 우대 금리'라는 카드가 있습니다.

이러니 그 많은 지점을 일일이 돌아다니며 파악하겠습니까? 그런 점들을 파악해서 대출상품 취급을 하는 업으로 하는 이들이 바로 대출상담사입니다. 이들은 고객이 자신을 통해 대출을 받아야 돈을 벌기에 좀더 적극적으로 상담할 수밖에 없습니다. 따라서 여러분이 대출받으려 할 때 해야 할 일은 은행을 직접 방문하는 게 아니라 대출상담사들을 최소 2~3명 만나는 것입니다. 이들도 개인에 따라 능력이 차이가 있을 테니까요.

은행의 대출상품과 금리는 전국은행연합회 소비자 포털에서 파악할 수 있습니다. 지점별 금리는 여기에 나오지 않지만, 대출을 파악하는 첫걸음으로 직접 해보면 좋습니다. 금융감독원 홈페이지 '금융상품한눈에'에서도 모든 주택담보대출 상품을 볼 수 있습니다. 또는 공인중개사 사무소 대표에게 대출 상담을 하는 것도 나쁘지 않은 방법입니다. 그들도 오랜 세월 영업하면서 거래하는 은행과 대출상담사들을 잘 알고 있습니다.

그밖에 대출 종류는 알아보면 알아볼수록 많음을 알게 됩니다. 보금자리, 디딤돌, 중소기업취업청년, 전세자금, 안심전세자금, 신혼부부 대출 등이 있습니다. 저마다 조건이 다 다르니 각자 상황에 맞는 대출을 알아보면 길은 있습니다.

많은 이들이 대출을 고정금리로 받는 게 좋은지, 변동금리로 받는 게 좋은지도 궁금해합니다. 이건 조삼모사와도 같아 저로서도 이 금리가 확실히 낫다고 말씀드릴 수 없습니다. 이 글을 쓰고 있는 2024

년 6월 상황으로는 금리 하락 예측이 쉽지 않으니 제가 대출받는다면 고정금리를 선택할 가능성이 높겠지만, 몇 달 후 상황은 어떻게 바뀔지 아무도 모릅니다.

어떤 사람이 은행은 저축하러 가는 곳이 아니라 대출하러 가는 곳이라고 하더군요. 온전히 자신만의 자금으로 부동산을 매입하거나 투자하는 이들은 거의 없습니다. 결국 대출이라는 레버리지는 계속 함께 가야 하는 동반자입니다. 따라서 우리의 주된 관심사는 무리하지 않는 선에서 대출이라는 상품을 어떻게 하면 잘 활용할지에 맞춰져야 하고, 그러려면 공부해야 합니다.

집 사기 좋은
최적의 타이밍은
언제일까요?

2024년 현재 대한민국에서 집을 보유하고 있는 이들의 비율, 즉 자가 보유 비율은 61.3%라고 합니다. 10명 중 6명 정도가 집을 가지고 있다는 얘기인데, 수많은 집의 주인에게 이런 질문을 던져봅니다. "여러분은 과연 집을 구매할 때 심사숙고해서 주도면밀하게 조사해본 다음 행동에 나섰나요?" 아마 대부분 집주인은 그렇지 않았을 것입니다. 저도 그랬으니까요.

생각보다 적지 않은 이들이 수억, 아니 십수억 원에 달하는 돈이 들어가는 주택을 구매하는데 적당히 생각하고 대충 알아보고 행동합니다. 왜 그럴까요? 어떤 타이밍에 집을 구매하는 게 좋을지 의외로 연구하지 않기 때문입니다. 부동산 시장의 흐름을 읽어내는 건 자신과는 무관한 분야라고 지레짐작하기 때문입니다. 그렇다고 부동산 전문가들의 의견이나 주의·주장도 진지하게 경청하지 않습니다. 확증편향에 빠져 듣고 싶은 전문가의 얘기에만 귀 기울이는데, 이는 별로 좋지 못한 태도입니다.

상승기와 하락기 중 언제 구매할까?

가장 좋은 건 스스로 공부해보는 것이고, 전문가의 조언을 받아들인다면 비교해보는 습관을 들이는 것이 좋습니다. 이제부터라도 언제 집을 구매하는 게 조금이라도 좋을지 충분히 알아보고 고민해본 후 움직여보는 건 어떨까요?

부동산은 조금만 들여다보면 사이클이 존재하는 것을 알 수 있습니다. 영원히 상승하기만 하는 것도 아니고, 영원히 내려가기만 하는 것도 아닙니다. 다만 어떤 전문가라도 사이클의 상승과 보합·하락을 정확하게 예측할 수 없습니다. 만약 해당 시기를 맞힐 수 있다고 단언하는 누군가가 있다면 그 사람은 사기를 치고 있다고 판단하는 것이 낫습니다. 그렇지만 상승기에는 상승한다고 매수를 주저하고, 하락기에도 어디까지 내려갈지 불안해 매수를 주저한다면 아무것도 할 수 없습니다.

집을 구매하기로 마음먹었는데 상승기와 하락기 중 어떤 때가 더 나은지 묻는다면 저는 하락기를 선택하라고 합니다. 하락기는 가격이 꺾인 상황이기에 매도자보다는 매수자 우위 시장이 형성됩니다. 매물도 상승기보다 많이 나와 그만큼 선택의 폭이 넓어집니다. 그렇기에 상승기와 하락기 중에서 선택한다면, 과감히 하락기 때 매수하라고 합니다.

문제는 적지 않은 분이 하락기가 되어도 소극적인 태도가 된다는 점입니다. 이때 작동하는 심리가 '지금 매수하면 분명히 내일은 더 떨어질 거야'이기 때문입니다. 그런 심정이 이해가 안 가는 건 아니지만 모두 그렇게 생각한다면 오히려 다른 생각을 해보는 게 나을 때가 있다는 것도 진지하게 검토해보기 바랍니다.

나만의 기준이 필요하다

결국 기준이 필요합니다. 어떤 타이밍에 집을 사는 게 좋을지 판단하려면 자신만의 판단 기준을 세워놓아야 합니다. 예를 들어, '나는 집값이 이 금액이 된다면 뒤도 안 돌아보고 무조건 사겠어!'라는 기준입니다. 당연히 자신이 부담할 수 있는 금액에 대한 면밀한 고려를 바탕으로 나온 기준이라야 합니다. 가격이 하락하고 있다면 이 금액까지 떨어지면 매수한다거나 상승기라면 이 금액까지 올라가면 매수하겠다는 기준을 세우는 것이 바람직합니다. 다만 여기에서 만족하지 않고 조금 더 공부한다면, 체크해볼 수 있는 여러 가지 시장 상황이 있습니다. 그 지점까지 가보고 나서 자신만의 기준을 더욱 내실 있게 세우기 바랍니다.

첫째, 거래량이 늘면서 최저가가 상승하기 시작할 때입니다. 오늘 집을 샀는데 내일 떨어질까봐 마음을 졸인다면 가격이 상승하는 초입 구간을 본다는 의미입니다. 하락기라 해도 영원한 하락은 없습니다. 가격이 더 하락하지 않고 최저 호가가 올라가기 시작할 때 거래량까지 늘어나는 게 보인다면 반전의 시간이 다가왔다는 신호로 보아도 됩니다. 즉 매수할 타이밍입니다.

둘째, 주택구입부담지수를 체크해야 합니다. 주택구입부담지수는 중위소득에 해당하는 가구가 표준대출로 중간가격의 주택을 구매할 때 대출 상환 부담이 어느 정도인지 나타내는 지수입니다. 지수가 100이면 소득의 25%를 주택담보대출의 원리금 상환으로 부담한다는 뜻이고, 지수가 200이면 소득의 50%를 원리금 상환에 쓴다는 의미입니다. 이 얘기는 지수가 낮을수록 좋다는 것이겠죠. 서울 지역의 경우, 주택구입부담지수가 140 이하가 되어야 적정하다고 판단합니다. 가계소득의 35%를 대출 원리금 상환에 쓴다는 의미로 그 이상을 넘어가면 부담이 매우 커집니다.

셋째, 전세가율을 들여다봐야 합니다. 전세가율은 매매가에서 전세가가 차지하는 비율을 나타내는 지표입니다. 예를 들어 매매가가

10억 원인 집의 전세가가 7억 원이면, 전세가율은 70%입니다. 집에는 실수요와 투자수요, 이렇게 2가지 수요가 공존합니다. 다른 표현으로 하면 현재가치와 미래가치입니다. 전세가는 실수요이자 현재가치를 나타냅니다.

어떤 아파트단지의 전세가가 높다면 사용가치가 크다는 의미인데, 기존의 전세수요가 매매수요로 변화할 가능성이 높다는 의미이기도 합니다. 자금을 조금만 더 보태어 매수하고자 하는 실수요자가 늘어가기 때문입니다. 그렇기에 전세가율 추이는 면밀하게 들여다봐야 하는데, 해당 주택이 있는 곳의 과거 전세가율 평균보다 상승하는 추세가 뚜렷하게 보인다면 매수할 타이밍이라고 판단해도 좋습니다.

다만 이 상황에서 반드시 함께 체크해야 할 지표가 있는데, 넷째, 입주물량입니다. 매수하고자 하는 시기에 입주물량이 많으면 전세가는 하락이 예측되므로 반드시 따져보아야 합니다. 입주물량은 지역별로 통계가 있는데, 부동산 앱으로는 '부동산지인'에서 볼 수 있습니다.

또한 정부가 공급 계획을 발표한다는 뉴스가 나오면 단순히 뉴스만 볼 것이 아니라 국토교통부 홈페이지에 들어가 보도자료와 첨부파일을 꼭 보기 바랍니다. 양이 수십 페이지나 되는데, 찬찬히 살펴보면 공부도 되지만, 뒤쪽으로 가면 요약본으로 정리되어 있으니 그 부분만 보아도 됩니다. 어느 지역에 어느 정도로 공급하는지 친절하게 설명하고 있습니다. 향후 10년 정도의 계획이 제시되어 있으니 꾸준히 체크하고 업데이트한다면 자신만의 기준을 튼실하게 하는 데 큰 도움이 됩니다.

마지막으로, 미분양 관련 지표도 반드시 점검해야 합니다. 현재 미분양 상황이 과거 평균 미분양 분량보다 많은지 적은지, 그리고 추세는 어떤 방향인지 체크해본 후에 매수 여부를 판단해야 합니다. 만약 미분양 물량이 늘어나는 추세라면 매수하기에 좋은 타이밍이 아닙니다.

집을 살 때 좋은 타이밍을 알기는 참 쉽지 않은 일입니다. 부동산 시장에 참여하는 누구나 가장 알고 싶어 하는 일종의 로또 숫자와 같습니다.

로또 숫자를 알려준다며 수수료를 일정액 받으면서 일주일에 한 차례 그들이 조합한 6개 번호를 알려주는 이들이 있습니다. 지인이 해당 서비스에 유료로 가입해 매주 번호를 받아보는 걸 옆에서 본 적이 있는데, 도대체 뭘 어떻게 하기에 그러한 번호들이 도출되었는지 궁금하면서도 그걸 돈을 내고 받아서 그대로 로또복권방에 들어갔다 나오는 그의 표정을 보면서 이해는 갔습니다. 저 사람들은 기가 막힌 비결을 파는 게 아니라 희망의 기준을 공급한다는 것을. 자신에게 기준이 세워져 있지 않으니 남이 주는 기준에 만족할 수밖에 없다는 것이었습니다.

부동산에 관한 자신만의 기준을 만들어가는 것, 크기가 중요한 게 아니라고 생각합니다. 공부하면서 조금씩 가꿔나간다면 그걸로 속합니다.

나 홀로 아파트는
정말 투자하면
안 되나요?

흔히 투자의 세계에는 정답이 없다고 합니다. 하지만 사람인 이상 어딘가에 정답이 있지 않을까 찾아 헤매는데, 그러다 보니 정답은 아니지만 정답에 가까운 문장들이 적지 않게 돌아다닙니다. 일종의 투자 격언들이지요. 예를 들어 '늦게 파는 놈이 항상 더 번다' '모른다면 학세권, 역세권, 욕세권 중에 사라' '부동산은 오늘이 가장 싸다' 같은 말들입니다.

격언은 오랜 시간과 경험이 쌓여 형성된 문장이기에 지혜가 녹아 있다고 볼 수 있습니다. 하지만 작용이 있으면 반작용이 있는 것 또한 세상사인데, 격언을 신주단지 모시듯이 가까이하면 나도 모르는 사이에 고정관념이 생기기도 합니다. 따라서 격언이나 누군가의 조언은 그대로 듣기보다는 '왜'를 생각하고, 그러한 격언이 나오게 된 맥락은 무엇인지를 항상 따져보는 습관을 들이는 게 낫습니다. 그중 여기에서 얘기해보고 싶은 주제는 '나 홀로 아파트는 절대 사지 마라'는 격언입니다.

나 홀로 아파트도 투자 대상으로 고려해볼 수 있다

첫째, 어떤 뜻에서 이런 말을 하는지 짚어봐야 합니다. 격언 차원으로까지 승화된 데는 이유가 있기 때문입니다. '나 홀로 아파트'는 한 동이나 두 동 정도로 이루어진 작은 아파트를 말합니다. 세대수는 100세대 내외이겠지요. 건설사도 이른바 1군에 해당하는 대형 회사는 아닙니다.

물론 가격대는 상대적으로 저렴합니다. 하지만 워낙 규모가 작은 아파트이다 보니 사람들의 수요가 제한적일 수밖에 없습니다. 그러다 보니 가격도 상승할 거라고 기대하기는 쉽지 않고, 집을 매도해야 할 때나 세를 놓고 싶을 때 쉽게 매수자나 세입자를 구할 수 없습니다. 즉 환금성도 떨어진다는 뜻입니다.

'나 홀로 아파트'가 상대적으로 좋지 않은 이유는 또 있습니다. 가족이 어떤 지역의 어떤 아파트단지에서 거주하다가 이사하게 될 경우, 같은 지역 또는 같은 단지 내에서 이동하는 경우가 적지 않습니다. 특별한 일이 없는 한 많은 경우 살던 지역에서 계속 살고자 합니다. 그런 상황에서 대단지 아파트라면 크고 작은 여러 유형의 세대가 있어서 선택의 폭이 넓습니다. 그렇기에 세대수가 적은 아파트에 비해 대단지가 여러모로 유리합니다.

또한 살던 아파트가 시간이 흘러 구축이 되고 재건축해야 하는 상황이 오더라도, 한두 동 아파트에 비해 대단지 아파트는 상대적으로 대지지분이 큽니다. 즉 재건축이 되더라도 규모가 작은 아파트보다는 대단지 아파트가 주민들의 추가분담금이 훨씬 적습니다. 사업성이라는 면에서도 '나 홀로 아파트'는 대단지에 비해 상대가 안 됩니다. 이러니 '나 홀로 아파트'는 무슨 일이 있어도 투자하면 안 된다는 격언이 나올 법도 합니다.

그렇다면 나 홀로 아파트는 무조건 투자 대상에서 제외해야 할까요? 그렇지 않습니다. 어떤 지역과 어떤 상황에 있는 아파트이냐에 따라 나 홀로 아파트도 투자 대상으로 충분히 고려해볼 수 있습니다. 예를 들어, 입지가 좋은 지역에 있는 나 홀로 아파트입니다. 학군이 좋다거나 일자리가 많이 형성되어 있는 지역과 거리가 가까운 지역에 있는 아파트라면 고려해야 합니다.

만약 서울의 3대 업무지역인 강남, 여의도, 도심과 가까운 지하철역 주변의 나 홀로 아파트라면 어떻겠습니까? 그런 지역에 있는 대단지 아파트의 가격이 15억에서 20억까지 상승했는데, 근처의 나 홀로 아파트는 10억에서 11억이나 12억 정도로 크게 움직이지 않습니다. "거봐. 주변이 저렇게 대세인데 나 홀로 아파트니까 꿈쩍도 안하잖아"라면서 쳐다보지도 않을 건가요?

하지만 여러 지역의 사례를 살펴보면 대단지 아파트의 가격이 상승하면 주변에 있는 작은 규모 아파트들도 속도는 느리지만 따라간다는 것을 알 수 있습니다. 이른바 '갭 메우기'라고 합니다. 과감한 투자자라면 입지 좋은 곳의 대단지 아파트와 가격 차이가 벌어진 주변 나 홀로 아파트에 관심을 가지지 않을까 생각합니다.

나 홀로 아파트 투자 전에 확인해야 할 것

둘째, 나 홀로 아파트를 어떤 건설사가 시공했는지도 체크해보기 바랍니다. 동네에서 다세대주택을 주로 짓는 영세한 건설사가 아니라 이름 정도는 들어본 중견급 건설회사가 지은 아파트라면 향후 가격 상승을 기대해볼 수 있습니다.

셋째, 세대수 규모가 최소한 80세대 이상인지 체크해보기 바랍니다. 50세대가 안 되는 작은 규모로만 이루어진 나 홀로 아파트라면 가까운 곳에 또 다른 나 홀로 아파트가 건축될 가능성이 있습니다. 따라서 나 홀로 아파트라 해도 규모면에서 경쟁력이 충분한 아파트라면 무조건 외면할 필요는 없습니다.

넷째, 주차장 규모를 확인해보기 바랍니다. 꽤 많은 경우 나 홀로 아파트의 고질적 문제 중 하나가 주차장입니다. 규모가 작은 아파트이기에 넓은 주차장을 확보하지 못한 것입니다. 다세대주택도 내 차가 나가기 위해 다른 사람 차를 빼야 하는 불완전식 주차장을 구비하고 있으면 실거주를 권하지 않는데 아파트라면 더 말할 필요 없습니다. 기계식 주차장이 아닌 자주식 주차장이 확보되어 있는 아파트인지 반드시 확인해야 합니다.

조사해보지도 않고, 임장해보지도 않고 단정하는 것은 위험합니다. 대단지 아파트와 나 홀로 아파트라는 두 선택지를 놓고 투자를 고민한다면, 왜 그러한 경우의 수로 고민하는지 자신만의 맥락이 있다고 봅니다. 각자 사정은 자신이 가장 잘 알겠지만, 제가 말씀드리고 싶은 것은 딱 하나, 무엇이든 미리 재단하지 말라는 겁니다. 충분히 열어두고, 사실들을 체크하면서 결정하기 바랍니다. '나 홀로 아파트는 절대 투자하면 안 된다'는 격언을 믿는다면, '대단지 아파트는 투자하면 무조건 수익을 창출할 수 있다'는 격언도 믿을 확률이 높습니다. 하지만 격언은 격언일 뿐 자신만 믿기 바랍니다.

전세 끼고
집을 산다고요?
갭투자가 뭐죠?

'아니, 어떻게 저런 생각을 했지' 하고 감탄할 때가 있습니다. 남들은 전혀 상상하지도 못한 무언가를 생각해내고 발견하고 실천할 때 드는 기분인데, 이른바 '갭투자'가 그렇습니다. 10억짜리 집인데 내 돈은 2억만 들여서 산다고요?

한 가지 단점은, 자기 명의의 집이 되긴 하지만 직접 들어가 거주할 수 있는 건 아니라는 것입니다(세상에 이런 방법은 없겠지요). 그래도 무척 기발한 생각이라는 점은 변하지 않습니다. 저를 깜짝 놀라게 한 '갭투자'에 대해 알아볼까 합니다.

전세 레버리지 갭투자

갭투자에서 '갭'은 매매가와 전세가의 차이를 말합니다. 예를 들어 매매가가 6억인 아파트가 전세가가 5억으로 형성되어 있다면 갭은 1억 원입니다. 이 상황에서 투자의 관점으로 접근한다면, 자기 자금이 1억만 있으면 이 집을 매수할 수 있습니다. 나머지 5억은 누가 대주냐고요? 세입자입니다.

전개되는 순서는 경우에 따라 다르기도 하지만, 5억 원에 전세로 살고 있는 아파트를 1억 원만 얹어서 살 수도 있고, 아직 세입자가 들어와 있지 않은 집이라면 계약금만 주고 계약한 후에 5억 원으로 전세 들어올 세입자를 구한 다음 그에게 5억 원을 받아 매도인에게 잔금을 치르면 새집 주인이 됩니다. 이른바 '전세 레버리지'라고 할 수 있습니다.

비록 '갭투자'라는 용어는 쓰이지 않았지만 2000년 이전에도 있었습니다. '갭투자'라는 명확한 개념보다는 '내 돈이 조금 들어간 부동산'이라는 개념이었죠. 우리나라에서 갭투자가 시작되었다고 볼 수 있는 시기는 1997년 IMF 외환위기를 거치면서 경제의 체질이 변화를 시작하고 본격화되는 때라고 할 수 있는 2000년대 초입니다. 당시 집값은 상승기였고 정부에서 대출 규제 정책을 시행하면서 아파트를 투자 개념으로 생각하는 사람들이 늘어났습니다. 은행에서 대출받기가 여의치 않으니 일종의 사적 금융인 세입자의 전세자금을 활용하기 시작했습니다. 이러한 방식으로 하는 갭투자는 한도도 없어서 적은 자금으로 주택을 여러 채 보유하는 게 가능했습니다.

다만, 이렇게 적은 자금으로 아파트 투자가 가능하려면 전제조건이 반드시 있는데, 아파트 매매가와 전세가가 계속 상승해야 했습니다. 아니, 아파트 가격은 계속 상승할 거라는 강한 믿음이 받쳐줘야 했습니다.

부동산에 대한 투자와 투기라는 행위는 오래전부터 있어왔지만, 점점 더 많은 사람이 아파트를 투자라는 관점에서 바라보고, 투자 목적으로 매수하고 보유하는 갭투자가 본격화한 건 2014년 즈음입니다. '갭투자'라는 용어도 그즈음 회자되기 시작합니다. '나는 소액으로 부동산 부자가 되었다!' '2년 만에 집 50채를 보유했다!' '월급쟁이에서 50억 부자가 된 비결' 따위의 타이틀을 내건 책들이 쏟아진 것도 그즈음인데, 내용을 들여다보면 대부분 갭투자를 활용해 성공한 과정을 다루었습니다.

갭투자의 장단점

세계에서 거의 우리나라에만 존재한다고 알려진 전세제도로 가능한 갭투자는 과연 어떤 부동산 투자라고 할 수 있는지 이 대목에서 생각해보지 않을 수 없습니다. 갭투자의 장점은 어떤 것들이 있고, 단점은 무엇인지 알아보겠습니다.

먼저, 부동산 가격의 두 측면인 매매가와 전세가를 생각해봅니다. 매매가격에는 부동산의 현재가치만 들어 있지 않고 미래가치까지 녹아 있습니다. 30년이 넘어가고 40년이 넘어가 수도에서 녹물이 나오는 구축아파트의 매매가격을 보면 알 수 있습니다. 이에 비해 전세가격은 미래를 따지지 않습니다. 오로지 현재 얼마나 편하고 쾌적하고 직장까지 편하게 이동이 가능한지만 봅니다. 자녀가 있다면 초등학교를 아파트단지 안에 고이 품고 있는지만 따져봅니다. 따라서 같은 가격대 전세라면 교통이 조금이라도 편한 곳이 더 비싸고, 주변에 새 아파트가 준공되어 전세 매물이 쏟아지기라도 하면 전세가는 금세 영향을 받습니다.

그렇기에 갭투자를 전문적으로 하는 투자자들은 매매가와 전세가의 각기 다른 속성을 정확하게 파악하면서 적은 자금으로 매수한 후 다음 세입자에게는 인상된 보증금으로 수익을 취하거나, 매매가 상승을 기다렸다가 매도하고 빠져나오며 시세차익을 성공적으로 얻습니다. 이러한 성공 경험을 이곳저곳에서 하면서 노하우를 공유하곤 합니다.

갭투자에서 성과를 내는 조건이 몇 가지 있는데, 첫 번째 조건은 금리 하락입니다. 저금리 기조가 되면 유동성이 커지고 시중 자금이 부동산으로 몰려듭니다. 저금리가 되면 세입자도 전세자금대출이 용이해지기에 세입자를 구하기가 어렵지 않습니다.

두 번째 조건은 갭투자를 계획하는 지역에 입주 물량이 적어야 합니다. 분양 물량이 늘어나면 세입자들에게는 선택지가 넓어집니다. 그러면 전세가를 인상하기가 버거워져 갭이 점점 커집니다. 그러니 주변 물량을 체크하고 들어가야 합니다.

세 번째 조건은 부동산 시장이 상승기여야 합니다. 가격이 하락이라도 하면 손해를 보게 됩니다. 전세가가 내려가기라도 하면 심한 경우 역전세가 되는, 이른바 깡통전세가 되면 후임 세입자를 구하더라도 하락한 만큼 자기 자금으로 보전해줘야 합니다. 2021년 서울 지역에서 갭투자 비율은 43.5%였는데, 그중 깡통전세 비율이 48%에 달했습니다. 그만큼 갭투자가 자신은 물론이고 세입자에게도 피해를 주는 심각한 상황이었습니다. 이쯤 되면 갭투자가 과연 성공의 보증수표인지 물음표를 던져야 합니다.

갭투자의 조건

갭투자는 기본적으로 투자로 접근하기에 예상처럼 일이 술술 풀려 나가지 않을 상황도 대비해야 합니다. 많은 경우 매수 계약을 한 후 바로 전세를 내놓아 세입자의 보증금으로 잔금을 치르려고 할 텐데, 생각만큼 전세가 구해지지 않을 수도 있습니다. 그러면 잔금 날짜는 다가오는데 마음만 조급해집니다. 여유 자금이 어느 정도 준비되어 있어야 최악의 상황도 피할 수 있습니다.

갭투자는 '갭'만 무사히 충당하면 되는 투자가 아니라는 점도 확실하게 인식해야 합니다. 갭투자를 하려면 취득세, 중개수수료는 물론이고 보유하는 동안은 재산세, 추후 매도할 때는 양도소득세 등 미리 감안해야 하는 비용을 반드시 체크해야 합니다. 이 모든 부가 비용을 상쇄하고도 수익을 창출한다는 조건일 때만 갭투자를 고민하기 바랍니다.

나아가 자신이 갭투자로 많은 성공을 거두었고 이른바 경제적 자유를 이루었다는 이야기를 책으로 써내고, 강의로 자신이 획득한 노하우를 전파하는 이들이 적지 않습니다. 유료 강의가 꽤 있는데, 이런 질문이 제 안에서 올라옵니다. '그분들은 왜 자신의 투자 방법과 경험을 군이 알려줄까요? 혹시 다 같이 부자가 될 수 있다고 생각하는 걸까요?' 한번쯤 생각해보기 바랍니다.

저에게 찾아와 특정 주식 종목에 관해 대단한 비밀을 알게 되었다며 그 주식을 꼭 사라고 하는 이들이 있습니다. 그럴 때면 저는 그냥 부드럽게 미소 지으며 말씀드리곤 합니다.

"그 좋은 걸 왜 군이 저한테 알려주세요? 선생님이 어렵게 아셨을 텐데 제가 무슨 자격으로 들어갑니까? 천재일우의 기회가 왔으니까 있는 돈 없는 돈 다 끌어모아 혼자 투자하는 게 어떨까요? 저는 옆에서 지켜보면서 대박 터지면 축하해드리겠습니다. 그때 삼겹살에 소주 사주시면 감사히 먹겠습니다."

모든 투자가 그렇지만, 갭투자 역시 양면이 공존합니다. 부동산이 상승할 때와 하락할 때 결과가 극명하게 갈립니다. 결국 스스로 공부하면서 결정하는 방법밖에 없습니다. 늘 점검하고, 자신을 들여다보고, 무엇보다 자신의 가용 자금을 투명하게 들여다보면서 선택하고 실행하기 바랍니다.

모델하우스에서
무엇을
체크해야 할까요?

제 사무실에서 가까운 강남대로를 걷다 보면 주로 중년 여성들이 쇼 핑백 하나를 건네며 저를 붙잡곤 합니다. 처음에는 이게 웬 횡재인 가 싶어 쇼핑백만 받고 감사 표시를 한 후 가던 길을 가려고 했습니 다. 그랬더니 그분은 이게 무슨 만행이냐는 표정을 지으며 주었던 쇼핑백을 다시 빼앗았습니다.

순간 아차 했습니다. 세상에 공짜가 없다는 것을. 쇼핑백을 온전히 제 것으로 하려면 그 여성이 인도하는 공간으로 들어갔다가 나와야 합니다. 바로 모델하우스입니다.

워낙 오래전 기억이지만 요즘에도 가끔 모델하우스를 가보면 쇼

펼백 속 물건들은 별로 바뀌지 않았다는 것이 신기합니다. 광고를 보았든, 거리를 걷는 상황이든 모델하우스를 찾는 것은 그리 어렵지 않은 일입니다.

이 글을 쓰는 2024년 6월 하순의 어느 날에도 자료나 기사들을 검색하다 보면 적지 않은 배너 광고를 만나게 되는데, 예를 들어 일산 신도시 장항동에서 반도유보라가 주상복합을 지을 예정이고, 모델하우스 방문 예약을 받고 있다는 소식을 알 수 있습니다. 하마터면 클릭해서 방문 예약 절차를 밟을 뻔했네요.

모델하우스를 근사하게 짓는 이유

제가 모델하우스 얘기를 꺼낸 이유는 종종 이런 질문을 하는 이들이 있기 때문입니다.

"모델하우스에 가면 기분이 좋고 거기에서 살고 싶어 상담을 받아보면 청약을 하고 싶은 마음이 늘 생기는데, 이거 분명히 상술이 있는 거겠죠? 모델하우스 가기 전에 또는 가서 둘러볼 때 어떤 점들을 유념하면 좋을까요?"

이왕 가는 김에 좀더 유익한 모델하우스 투어가 될 팁 몇 가지를 알려드리겠습니다. 모델하우스는 그냥 하우스가 아닙니다. '모델'하우스입니다. 이 명제를 가슴속 깊이 간직한다면 기본은 먹고 들어갑니다. 아파트든 오피스텔이든 주상복합이든 모델하우스에 가본 이들은 '아니, 모델하우스에 불과한데 건설사들은 왜 이렇게 화려하고 으리으리하게 지을까? 도대체 이 모델하우스를 만드는 데 얼마를 퍼부었을까?' 하는 의문이 들 텐데, 핵심을 잘 보았습니다. 그 하우스는 다름 아닌 모델하우스이기 때문에 그렇게 막대한 비용과 엄청난 인력을 투입하는 것입니다.

우리나라의 거의 모든 분양은 다 만든 다음에 하는 게 아니라 땅 파는 정도에서 하기 때문에 건설사로서도 보여줄 수 있는 게 모델하우스밖에 없지 않겠습니까? 바로 그렇기에 그들은 모델하우스에서 승부를 봐야 합니다. 모델하우스는 방문한 예비 청약자들의 마음을 사로잡아 청약 신청을 하게 만들어야 하기에 모델하우스 안팎에서 할 수 있는 건 다 해야 합니다. 그러니 모델하우스에 발을 들어놓으려고 한다면 사전 준비를 최대한 많이 해야 합니다. 그렇지 않고 룰루랄라 소풍 가는 마음으로 들어가면, 세상에서 가장 비싼 소풍 비용을 내게 될지도 모릅니다.

모델하우스를 제대로 살펴보는 방법

그렇다면 모델하우스와 밀당하기 전에 우리는 무엇을 준비하면 좋을까요? 아파트단지라 생각하고 방문 전, 방문 중, 방문 후로 나누어 알아보겠습니다.

　해당 아파트에 청약할 생각은 전혀 없고 단지 신축 아파트 구경과 정보 습득, 경험 차원에서만 가는 게 아니라면, 아무런 사전 정보도 없이 모델하우스를 바로 방문하는 것은 추천하지 않습니다. 요즘 인터넷이 얼마나 잘되어 있습니까. 손품을 팔아 해당 아파트에 관한 정보를 최대한 체크해야 합니다. 아파트단지가 들어서는 위치와 교통 상황, 각종 생활 편의시설, 학군 등은 어느 정도로 형성되어 있는지 또는 형성될 예정인지 등을 보아야 합니다. 무엇보다 중요한 것이 있는데, 주변 시세가 어느 정도인지 파악해서 분양가가 과연 합리적 수준에서 제시되었는지 등을 반드시 살펴보아야 합니다.

　거의 모든 모델하우스는 공사 중인 현장 근처에 있지 않습니다. 현장 가까운 곳에 있는 모델하우스는 드뭅니다. 대부분 유동인구가 많고 교통이 편리한 곳에 자리하고 있습니다. 그래서 모델하우스를 찾아가 내부에 있다 보면 가끔 그곳이 실제 아파트가 건설되는 곳 같다는 착각을 불러일으키기도 합니다. 그러니 최대한 짬을 내어 해당 아파트단지가 실제로 우뚝 설 현장을 방문하면 가장 좋습니다. 이렇게 손품과 발품을 팔아 사전 조사를 어느 정도 했다 싶으면 이제 모델하우스로 직진하면 됩니다.

　모델하우스 안으로 들어가면 깔끔하고 멋지게 차려입은 직원들이 환영의 인사를 합니다. 이때 주의해야 할 것은 '아파트 내부 공간(주거전용공간)이 꾸며진 곳으로 먼저 가지 않기'입니다. 우리가 실제 생활하는 아파트도 먼저 정문을 통과하고 단지 내 도로를 거쳐 주차장으로 들어간 다음 엘리베이터를 타고 집으로 들어가는 것처럼, 모델하우스에 방문해서도 가장 먼저 향할 곳은 전체 모형도입니다.

전체 모형도는 실제 아파트단지의 전체 모습을 일정한 비율로 축소해 만들어놓았습니다. 대개 가장 잘 보이는 곳에 있는데, 마치 예술작품 같습니다.

모형도 앞에 서서 마치 자신이 드론카메라가 되었다 생각하면서 단지 전체 형태를 조망해보기 바랍니다. 아파트단지가 주변과 잘 어울리게 배치되어 있는지, 각 동은 어느 정도 거리로 어떻게 서 있는지, 지하주차장은 어디에 있는지, 조경은 어느 정도 비율인지, 커뮤니티 공간과 상가 등은 어디에 어느 정도 규모로 있는지 등을 꼼꼼하게 살펴보기 바랍니다. 그리고 궁금한 점이 생길 때는 가까운 곳에 있는 직원에게 물어보면 그들은 언제든 달려와 친절하게 답변할 준비가 되어 있습니다.

전체 조망을 마쳤다면 이제 편하게 주거전용공간을 둘러보면 됩니다. 대개 평형별로 분리되어 있습니다. 모든 유형을 보는 것 자체야 상관없지만 관심이 있는 평형대와 구조가 있는 공간은 꼼꼼하게 보아야 합니다. 그 공간에서 생활하는 집주인이 된 듯이 현관으로 들어와 거실로 이동하고 방으로도 이동해보면서 동선에 문제는 없는지 체험해보면 됩니다. 각 공간에 가구와 수납공간이 어떻게 배치되어 있는지, 이용하는 데 특별한 문제는 안 느껴지는지 눈으로 몸으로 부딪쳐보면 됩니다.

무엇보다 모델하우스에서는 착시 현상을 겪을 수 있습니다. 실제로 배치되는 가구보다 약간 작게 만들어져 있을 수도 있으니 유념하기 바랍니다. 조명도 집 내부를 더욱 환하게, 더 넓게 보이게 하는 데 일조하니 마음이 흔들리지 않아야 합니다.

또한 기본적으로 제공되는 옵션과 유상 옵션을 잘 구분해야 하고, 전시용 제품들도 비치되어 있을 수 있으니 염두에 두어야 합니다. 현행 주택법에는 사업계획 승인을 받은 같은 자재로 시공하고 설치해야 한다는 조항이 있는데, 각종 자재와 마감재 등도 세심하게 보아야 나중에 후회하지 않습니다.

모델하우스를 둘러보고 나온 다음에는 무엇을 해야 할까요? 해당 아파트에 대한 청약을 염두에 두었다면 한 번 더 방문하기 바랍니다. 이왕이면 오픈빨(?)이 다소 누그러진 후 여유 있게 감상할 수 있는 시간대에 가면 좋습니다. 처음 방문했을 때와 다른 부분들이 보일 것입니다.

모델하우스는 건설사의 모든 것을 쏟아부은 결정체라고 생각하는 게 좋습니다. 그만큼 모델하우스는 예비 청약자들을 계약으로 이끌기 위해 하나부터 열까지 빈틈없이 준비해놓은 일종의 아파트 콘서트장입니다. 백화점에 창문이 없는 이유가 손님들이 바깥 생각을 아예 하지 못하게 하는 치밀한 장치인 것처럼, 모델하우스는 내 집 마련이든 투자를 생각하든 수요자들의 시선을 사로잡기 위해 만들어놓은 고품격 갤러리입니다. 작품을 제대로 즐기려면 부동산을 보는 안목을 길러야 합니다.

좋은 아파트의 조건은 첫째, '브랜드'입니다. 자이, 래미안, 푸르지오 등을 말합니다. 둘째, '역세권'입니다. 특히 지하철이 중요하죠. 셋째, '대단지'입니다. 넷째, '신축'입니다. 신축이 좀더 높은 상품성을 인정받는 이유는 구조 때문입니다. 다섯째, '평지'입니다. 평지에 있는 아파트는 상품 가치가 올라갑니다. 여섯째, '초등학교'입니다.

주택을 담보로 금융기관에서 대출을 받고자 할 때 LTV에서 DTI, DSR의 순서로 올라가며 대출 규정이 깐깐해진다고 이해하면 됩니다. 각각이 따로 대출을 주관하는 것이 아닙니다. DSR 단계까지 따져본 후 최종 가능한 대출 금액이 나오는 구조입니다. 대출이라는 상품을 도움이 되는 확실한 솔루션으로 활용할 방법을 알아야 합니다.

집을 구매하기로 마음먹었는데 상승기와 하락기 중 어떤 때가 더 나은지 묻는다면 저는 하락기를 선택하라고 합니다. 하락기는 가격이 꺾인 상황이기에 매도자보다는 매수자 우위 시장이 형성됩니다. 매물도 상승기보다 많이 나와 그만큼 선택의 폭이 넓어집니다. 문제는 적지 않은 분이 하락기가 되어도 소극적인 태도가 된다는 점입니다.

나 홀로 아파트는 무조선 투자 대상에서 제외해야 할까요? 그렇지 않습니다. 어떤 지역과 어떤 상황에 있는 아파트이냐에 따라 나 홀로 아파트도 투자 대상으로 고려할 수 있습니다. 입지가 좋은 지역에 있는 나 홀로 아파트, 즉 학군이 좋다거나 일자리가 많이 형성되어 있는 지역과 거리가 가까운 지역에 있는 아파트라면 고려해야 합니다.

갭투자에서 성과를 내는 조건이 몇 가지 있습니다. 첫 번째는 금리 하락기여야 한다는 것입니다. 두 번째는 갭투자를 계획하는 지역에 입주 물량이 적어야 한다는 것입니다. 세 번째는 부동산 시장이 상승기여야 한다는 것입니다. 이런 조건들이 충족되지 않으면 갭투자가 자신은 물론 세입자에게도 피해를 주는 심각한 상황이 됩니다.

모델하우스에서는 착시 현상을 겪을 수 있습니다. 실제로 배치되는 가구보다 약간 작게 만들어져 있을 수도 있으니 유념하기 바랍니다. 조명도 집 내부를 더 넓게 보이게 하는 데 일조하니 마음이 흔들리지 않아야 합니다. 기본적으로 제공되는 옵션과 유상 옵션을 잘 구분해야 하고, 전시용 제품도 염두에 두어야 합니다.

부를 끌어당기는 부동산 수업

2024-2025 부동산 시장을 움직이는 절대 트렌드 7

권화순 지음 | 값 19,800원

부동산 투자는 시장 상황이나 정부 정책이 달라짐에 따라 많은 변수의 영향을 받을 수밖에 없다. 이 책은 오랫동안 〈머니투데이〉 기자로 활동해온 저자가 부동산 시장을 어떻게 바라봐야 하는지, 그 속에서 어떤 방법으로 투자를 해야 하는지 쉽게 풀어낸 책이다. 2024~2025년 사이에 변화되는 부동산 정책이나 법령 및 이슈들을 담아 가장 빠른 시일 안에 수익이 나는 부동산을 찾을 수 있게 해줄 것이다.

부동산 초보자도 술술 읽는 친절한 입문서

부동산투자 궁금증 100문 100답

최영훈 지음 | 값 19,800원

기자 출신 부동산 전문가가 부동산투자 전에 꼭 알아두어야 할 필수 상식들만을 엄선해 쉽게 정리한 부린이용 가이드 책이다. 계약서 작성부터 잔금 처리, 이사까지, 부동산 거래 전 과정에서 생길 수 있는 문제 상황의 예방법과 대처법 등 실생활에 도움될 내용이 가득하다. 동네 공인중개사가 알려주듯 친근하게 부동산 꿀팁을 전하는 저자의 목소리를 따라 내 집 마련과 투자에 앞서 다양한 리스크들을 체크하고 방지함으로써 손해 없는 부동산거래에 도전해보자.

부동산은 심리전이다

박원갑 박사의 부동산 심리 수업

박원갑 지음 | 값 19,800원

부동산 대표 전문가인 박원갑 박사가 부동산과 심리를 쉽고 재미있게 엮은 책을 냈다. 부동산시장의 변동성은 시장 참여자들의 불안 심리에 비례한다. 이에 저자는 부동산시장을 움직이는 사람들의 내면 작용을 다각도로 분석했다. 부동산시장은 공급과 정책 외에도 인간 심리를 함께 읽어야 제대로 보인다. 저자가 제안하는 편향에 빠지지 않는 올바른 부동산 생각법을 체화한다면 어떤 상황에서도 합리적인 선택을 할 수 있을 것이다.

스타벅스 건물주가 된 사람들의 성공 비결

나의 꿈 스타벅스 건물주

전재욱 · 김무연 지음 | 값 16,800원

이 책은 미지의 영역에 머물던 스타벅스 건물주들의 비밀을 국내 최초로 파헤친다. 저자가 기자 특유의 취재역량을 발휘해 직접 발로 뛰어 수집한 전국 매장 1,653개의 등기부등본 2,454장을 꼼꼼히 분석한 결과다. 스타벅스가 선호하는 매장의 특징과 실제 임대료, 임대 과정 등 '스타벅스 입점 성공'의 공식을 다루는 저자의 통찰에 진지하게 접근한다면 나의 꿈 스타벅스 건물주가 아닌, 나의 '현실' 스타벅스 건물주가 될 수 있을 것이다.

최고의 부동산빅데이터 연구소 경제만랩의 부동산 대예측

빅데이터로 전망하는 대한민국 부동산의 미래

경제만랩 리서치팀 지음 | 값 16,500원

우리는 집값이 언제 오르고 언제 내리는지 궁금하다. 빅데이터 트렌드 분석을 통해 부동산시장을 파악하고 분석해 올바른 투자전략까지 세울 수 있는 책이 나왔다. 이제 단순히 감으로 부동산시장을 평가하는 시대는 끝났다. 부동산 데이터를 활용해 구체적인 시장분석이 가능해진 것이다. 미래가치가 높은 부동산을 파악하고 투자에 성공하고 싶다면 객관적인 데이터를 기반으로 한 이 책이 좋은 투자 전략서가 될 것이다.

성공투자를 위한 재개발·재건축 실전오답노트

세상에서 가장 친절한 재개발·재건축

장귀용 지음 | 값 16,000원

우리나라는 대다수 사람들이 대도시에 살고 있다. 사람들이 밀집해 거주하는 대도시는 주택난이 심각하다. 앞으로 재개발·재건축은 피할 수 없는 사업이다. 부동산 전문기자인 저자는 재개발·재건축 사업의 각 단계와 실제 사례를 정리해 한 권의 책에 담았다. 재개발·재건축 투자에 관심이 있는 사람이라면 반드시 알아야 할 내용만 담았다. 저자가 현장을 오르내리며 경험한 느낌을 고스란히 담아냈기 때문에 실질적인 투자에 도움이 될 것이다.

다가올 미래, 부동산의 흐름

박원갑 박사의 부동산 트렌드 수업

박원갑 지음 | 값 18,000원

혼돈의 시대, 부동산 트렌드를 알면 성공의 길이 보인다! 집이 주인이 되는 '주주(住主) 사회'에 걸맞게 국내 최고 부동산 전문가인 박원갑 박사는 공정한 관찰자의 입장에서 냉철하고도 균형 있는 시각으로 부동산 시장을 둘러싼 핵심 트렌드를 심도 있게 분석한다. 세상의 주역인 MZ세대의 특징, 아파트 공화국인 대한민국 부동산 시장의 실체 및 흐름 등을 설명하는 이 책 한 권이면 부동산 트렌드를 빠르게 좇아가는 패스트 팔로위(fast follower)로 성장할 수 있을 것이다.

위기의 시대, 부동산 투자 어떻게 할 것인가

부동산의 속성

신얼 지음 | 값 16,000원

경제위기의 시대, 살아남기 위해서는 부의 파이프라인을 구축해야 한다! 이 책은 가화만사성의 핵심인 부동산에 대한 새로운 시각을 보여준다. 저자인 신얼은 국내 최초로 부동산과 채권 영역을 모두 아우르는 애널리스트다. 이 책에는 30세 늦깎이 직장인이었던 그가 어떤 우여곡절을 거쳐 부동산에 대해 지금의 통찰을 가지게 되었는지가 생생히 담겨 있다. 객관적인 정보와 함께 부동산으로 부의 파이프라인을 구축한 저자의 실제 경험은 '왜 부동산을 가져야 하는지'에 대한 깨달음을 줄 것이다.

■ **독자 여러분의 소중한 원고를 기다립니다**

메이트북스는 독자 여러분의 소중한 원고를 기다리고 있습니다. 집필을 끝냈거나 집필중인 원고가 있으신 분은 khg0109@hanmail.net으로 원고의 간단한 기획의도와 개요, 연락처 등과 함께 보내주시면 최대한 빨리 검토한 후에 연락드리겠습니다. 머뭇거리지 마시고 언제라도 메이트북스의 문을 두드리시면 반갑게 맞이하겠습니다.

■ **메이트북스 SNS는 보물창고입니다**

메이트북스 홈페이지 matebooks.co.kr

홈페이지에 회원가입을 하시면 신속한 도서정보 및 출간도서에는 없는 미공개 원고를 보실 수 있습니다.

메이트북스 유튜브 bit.ly/2qXrcUb

활발하게 업로드되는 저자의 인터뷰, 책 소개 동영상을 통해 책에서는 접할 수 없었던 입체적인 정보들을 경험하실 수 있습니다.

메이트북스 블로그 blog.naver.com/1n1media

1분 전문가 칼럼, 화제의 책, 화제의 동영상 등 독자 여러분을 위해 다양한 콘텐츠를 매일 올리고 있습니다.

메이트북스 네이버 포스트 post.naver.com/1n1media

도서 내용을 재구성해 만든 블로그형, 카드뉴스형 포스트를 통해 유익하고 통찰력 있는 정보들을 경험하실 수 있습니다.

STEP 1. 네이버 검색창 옆의 카메라 모양 아이콘을 누르세요.   STEP 2. 스마트렌즈를 통해 각 QR코드를 스캔하시면 됩니다. STEP 3. 팝업창을 누르시면 메이트북스의 SNS가 나옵니다.